服装实用技术·基础入门

实用服装裁剪与缝制轻松入门
——童装篇

王志红　主编
汤洁　岳海莹　副主编

中国纺织出版社

内 容 提 要

本书从童装结构制图基础入手，依据儿童的成长规律及体型特征，就不同年龄段童装的典型款式进行结构设计，在对服装制作工艺基础进行介绍后，对书中代表款式的样板制作、排料及其整体工艺进行了翔实的说明。

本书是为学习服装裁剪与缝制的爱好者及专业岗位中有需要掌握一门技术的读者而编写的初级读物，属于基础入门教材，服装款式简单、实用、新颖别致，裁剪方法通俗易懂，服装缝制示意图清晰明了。具有较强的系统性和实用性，条理清晰，图文并茂，通俗易懂，便于读者理解和自学。

本书适合服装初学者阅读，也可以作为服装专业中职、高职师生及服装培训人员的参考教材。

图书在版编目（CIP）数据

实用服装裁剪与缝制轻松入门. 童装篇／王志红主编. --北京：中国纺织出版社，2016.3

（服装实用技术. 基础入门）

ISBN 978-7-5180-2301-1

Ⅰ. ①实… Ⅱ. ①王… Ⅲ. ①童服—服装量裁②童服—服装缝制 Ⅳ. ①TS941.63

中国版本图书馆CIP数据核字（2016）第018502号

责任编辑：宗 静 特约编辑：何丹丹 责任校对：楼旭红
责任设计：何 建 责任印制：何 建

中国纺织出版社出版发行
地址：北京市朝阳区百子湾东里A407号楼 邮政编码：100124
销售电话：010—67004422 传真：010—87155801
http：//www.c-textilep.com
E-mail：faxing@c-textilep.com
中国纺织出版社天猫旗舰店
官方微博http://weibo.com/2119887771
北京通天印刷有限责任公司印刷 各地新华书店经销
2016年3月第1版第1次印刷
开本：787×1092 1/16 印张：9.5
字数：144千字 定价：29.80元

前言

　　随着人们生活水平的不断提高，儿童逐渐成为家庭生活的中心，父母在孩子身上的开支占家庭总开支的比例越来越高，其中服装消费一项占了很大比例。

　　童装在服装产品中已成为一个重要的板块，童装业已作为一个新的发展行业立于其他行业之中，在服装销售方面，童装反映出非常活跃的势头。

　　由于儿童处于成长发育阶段，皮肤娇嫩，因而对童装品质要求更加严格。刚出生的婴儿穿着婴儿服，随着孩子的成长发育，儿童体型逐渐发生变化。在幼儿期一般不分性别差异。

　　尽管现在服装产业发达，但是越来越多的人想亲手为孩子DIY服装。本书可为那些想制作儿童服装的从业者以及想亲手为自己的孩子制作服装的妈妈们提供帮助。

　　本书由王志红任主编，汤洁和岳海莹任副主编，最后由王志红统稿。

　　由于服装行业发展迅速，作者水平有限，书中疏漏和不尽如人意之处在所难免，恳请读者予以批评指正。

编著者

2015 年 4 月

目录

第一章　童装结构制图基础 ·· 001

　　第一节　服装制图常用符号、代号 ································· 001

　　第二节　服装制图常用工具 ·· 003

　　第三节　童装分类 ··· 005

　　第四节　儿童体型特征与童装特点 ································· 006

　　第五节　儿童身体测量 ·· 007

第二章　童装结构制图 ·· 019

　　第一节　婴儿服装制图 ·· 019

　　第二节　童装衬衫与背心结构制图 ································· 030

　　第三节　童装裙子与裤子结构制图 ································· 039

　　第四节　童装连衣裙结构制图 ······································ 048

　　第五节　童装外套与大衣结构制图 ································· 058

第三章　服装制作工艺基础 ·· 067

　　第一节　缝制工具 ··· 067

　　第二节　各种手缝工艺 ·· 069

　　第三节　常用机缝工艺 ·· 078

　　第四节　斜牵条的裁制与使用 ······································ 081

第四章　童装裁剪与缝制 ··· 085

　　第一节　婴儿内衣裁剪与缝制 ······································ 085

　　第二节　儿童背带裤裁剪与缝制 ··································· 090

　　第三节　背心裙裁剪与缝制 ··· 097

　　第四节　女童长袖衬衫裁剪与缝制 ································· 103

第五节　双层马甲裁剪与缝制 ·· 113

第六节　男童西装裁剪与缝制 ·· 118

附录：童装质量检查 ·· 141

参考文献 ·· 146

第一章　童装结构制图基础

儿童服装是适合儿童穿着的服装，简称"童装"，指从出生婴儿到15岁少年穿着的所有服装，包括婴儿服装、幼儿服装、小童服装、中童服装、大童服装等。

学习童装裁剪，掌握基本知识是至关重要的。结构制图基础是指制图前和制图时应了解和掌握的各种知识及有关规定等。

第一节　服装制图常用符号、代号

在服装结构制图中，不同的线条有不同的表现形式，不同的符号也表达不同的意义。服装制图的符号和代号在制图中具有规范作用。

一、服装制图的常用符号

在服装制图中，用文字说明缺乏准确性和规范性，也容易造成误解，所以常用一些符号来加以说明。下面介绍几种常用的制板符号，如表1-1所示。

表1-1　服装制图的常用符号

图示	名称
————————————	完成线
----------------------------	引线（基础线）
— — — — — — — —	贴边线
- - - - - - - - - - - -	整片裁剪线
— — — — — — — —	翻折线，烫迹线
⌒⌒	等分线
∟	打直角，相对于水平线和垂线的直角原则上不标注

图示	名称
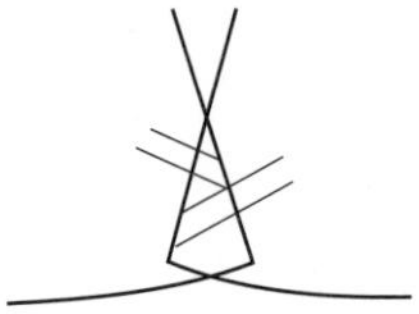	区别线的交叉
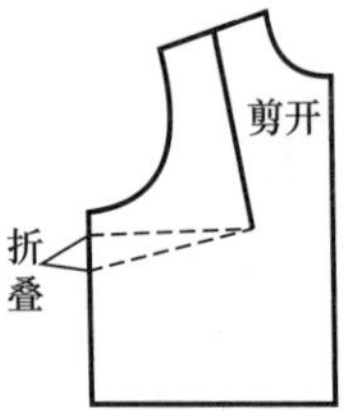	剪开与折叠
	经向。箭头方向表示面料的经纱方向
	顺向
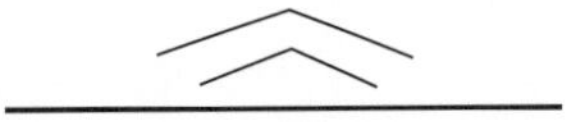	拔开。表示某部位需要熨烫拉伸变形
	吃势
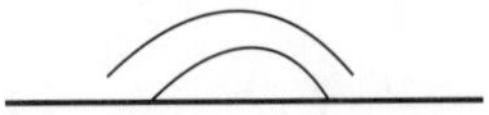	归拢。表示某部位归拢变形
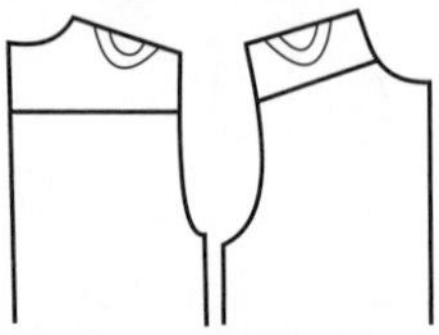	拼合。样板的标记
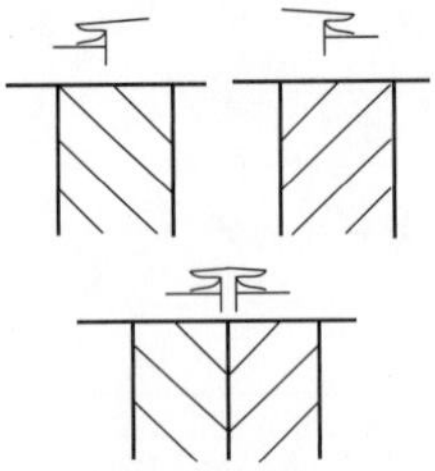	倒褶裥的方向
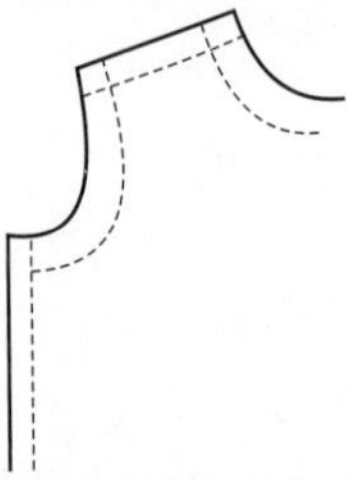	内侧虚线为净印线

二、服装制图常用代号

服装部位代号是为了方便制图标注，在制图过程中表达总体规格设计。部位代号是用来表示人体各主要测量部位，国际上以该部位的英文单词的第一个字母为代号，以便于统一规范，见表1-2。

表1-2　服装制图中基本部位代号

中文	英文	代号
胸围	Bust Girth	B
腰围	Waist Girth	W
臀围	Hip Girth	H
领围	Neck Girth	N
胸围线	Bust Line	BL
腰围线	Waist Line	WL
臀围线	Hip Line	HL
领围线	Neck Line	NL
肘线	Elbow Line	EL
膝围线	Knee Line	KL
胸点	Bust Point	BP
颈肩点	Neck Point	NP

第二节　服装制图常用工具

在进行服装制图和裁剪时离不开工具。这里介绍一些常用的工具。

一、尺

尺是服装制图的必备工具，它绘制直线、横线、斜线和弧线、角度和测量人体与服装，核对绘图规格所必需的工具。服装制图所用的尺有以下几种：

（1）打板尺：采用硬质透明且具有弹性的材料制成，用于测量和制图，特别是用于绘制平行线、纸样上加缝份等。打板尺的长度不等，如图1-1所示。

（2）弧线尺：绘制曲线用的薄尺，用于画领口、袖窿、袖山弧线、裆缝等部位的曲线，如图1-2所示。

（3）比例尺：用来度量长度的工具，刻度按实际长度单位放大或缩小若干倍，如图1-3所示。

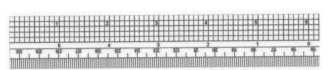

图1-1　方眼定规尺和不锈钢尺

（4）软尺：一般为测体所用，但在服装制图中也有所应用。如复核各曲线，测量拼合部位的长度等，如图1-4所示。

图1-2　弧线尺图　　　　　　图1-3　比例尺图　　　　　　图1-4　软尺

二、绘图铅笔与橡皮

绘图铅笔是直接用于绘制服装结构图的工具。1：5服装结构缩图一般用标号为HB或H的绘图铅笔；1：1的服装结构图，则需要用标号为2B的绘图铅笔。橡皮用于修改图纸，分普通橡皮和香橡皮两种，香橡皮去污效果比较好。绘图铅笔与橡皮如图1-5所示。

三、划粉

划粉是在面料上画出纸样轮廓的工具，如图1-6所示。

图1-5　铅笔、橡皮

四、裁剪剪刀

裁剪剪刀用于面料裁剪，如图1-7所示。

图1-6　划粉　　　　　　　　　图1-7　裁剪剪刀

五、大头针

大头针是固定衣片用的针，用于试衣补正、立体裁剪，如图1-8所示。

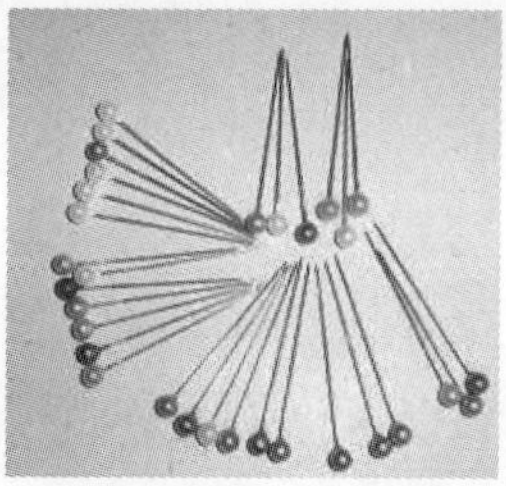

六、其他

（1）样板纸：制作样板时用的纸，质地较硬。

（2）滚轮：复制样板用的工具。

（3）工作台：结构制图、裁剪面料用的工作台，最好为木质，台面需平整。

（4）锥子：头部尖锐的金属工具，用于翻折领尖、裁剪时钻洞作标记、缝纫时推布等。

图1-8 大头针

第三节 童装分类

童装的种类很多，由于服装的基本形态、品种、用途、制作方法、原材料的不同，各类服装也表现出不同的风格与特色。目前，大致有以下几种分类方法。

一、按用途分类

童装按用途可以分为内衣和外衣两大类。内衣紧贴人体，起护体、保暖的作用；外衣则由于穿着场所不同，用途各异，品种类别很多。童装又可分为日常服、学生服、运动服、室内服等。按服装面料与工艺制作分为：中式服装、西式服装、刺绣服装、呢绒服装、丝绸服装棉布服装、毛皮服装、针织服装、羽绒服装等。

二、按儿童服装标准分类

在儿童服装标准中将产品分为3类：

A类：婴幼儿用品，甲醛含量 ≤ 20mg/kg；

B类：直接接触皮肤的产品，甲醛含量 ≤ 75mg/kg；

C类：非直接接触皮肤的产品，甲醛含量 ≤ 300mg/kg。

其中，A类和B类产品的pH值允许在4.0 ~ 7.5范围，C类产品pH值允许在4.0 ~ 9.0范围。A类婴幼儿用品，耐水、耐汗渍色牢度要求 ≥ 3 ~ 4级，耐干摩擦、耐唾液色牢度要求 ≥ 4级；B类和C类产品耐水、耐汗渍、耐干摩擦色牢度都要求 ≥ 3级，3类产品均要求无异味，禁止使用在还原条件下分解出芳香胺染料的面料。

三、按其他方式分类

除上述分类方式外，还可以按性别、年龄、民族、等方面的区别对童装进行分类。

按性别分类：有男童和女童。按年龄分类：有婴儿服、儿童服、成人服。按民族分类：有我国民族服装和外国民族服装，如汉族服装、藏族服装、墨西哥服装、印第安服装等。还可以按价格档次分类，高档、中档、低档等，没有具体的界限。

第四节　儿童体型特征与童装特点

儿童体型学龄期以前一般不分性别差异，学龄期以后要分男童女童。根据生长情况和心理发育特点，将儿童时期分成五个阶段：

婴儿期——出生到 1 周岁；

幼儿期——1 ~ 3 岁；

学龄前期——4 ~ 6 岁（小童期）；

学龄期——7 ~ 12 岁（中童期）；

少年期——13 ~ 15 岁（大童期）。

一、婴儿期

婴儿是指 0 ~ 1 岁的儿童。其中 0 ~ 3 个月的婴儿称为新生儿，这个时期的婴儿头大、脸小，颈极短，肩圆且小，胸部与腹部较突出，背的曲率小，"虾米"腿，胸围、腰围、臀围差别不大。新生儿醒的时间少，多数时间在睡觉，基本是仰卧姿势，运动时间较少，上肢与躯体接近垂直状态。服装要求容易穿脱、前面开口，方便给孩子哺乳、换尿布等。4 ~ 7 个月的婴儿，醒的时间与运动的时间增加，能够翻身，俯卧能举起头和肩，上肢可向前方举起，下肢能弯曲，手脚不停运动。7 ~ 12 个月的婴儿，可以做扭转运动，会坐，扶着东西可以站起来，运动量与活动范围急速增加，胸部凸出仍然明显，因此前襟要弯曲，以免裸露胸脯，服装款式最好能做成坐、立都容易穿脱的样式，短裤前裆挖得要比后裆深。面料选择柔软、耐洗、不刺激的纯棉面料。婴儿期的体重、身高见表1-3。

表1-3　婴儿期体重与身高

	体重	身高
新生	约3kg	约50cm
4个月	约6kg	约60cm
12个月	约9kg	约80cm

二、幼儿期

幼儿是指 1 ～ 3 岁的儿童。特征为：挺胸、凸肚、颈部短、肩部窄小，四肢短，头部占全身比例为，身头比例 4 ：1 ～ 5 ：1。1 ～ 2 岁的幼儿脸面稍大，颈部成型，肩稍向外突出，胸部与腹部的突出开始减少，下肢健壮，从扶着东西走路到完全独立走路，能跑，能跨越障碍，也会投东西，并且能奔向自己想找的人和东西。这个时期的幼儿还不能自己穿衣服，因此要把袖口做宽些，以便能穿过大人的手。尿布用量减少，要用吸水性好的运动裤。与婴儿相比，2 ～ 3 岁的幼儿身体长高，脖子明显，肩向外突出，肩端点明显，胸部与腹部突出继续减少，上肢有力，下肢为直立姿势。这个时期的幼儿开始学自己穿衣服，手指较灵活，能拉拉链，能系大扣子，因此上衣要有足够的放松量，为了保暖，要把袖口做窄些，裤子和裙子装松紧带或用弹性的背带，选择耐磨耐用的面料。

三、学龄前期

学龄前儿童也叫小童，是指 4 ～ 6 岁的儿童。这个时期的儿童双下巴消失，肩部更突出，背部厚度减少，小腹变平，背部曲率增大，下肢变细，能自己穿脱衣服，能系上子母扣，6 岁能系带子。这个时期的儿童下肢长得较快，衣长宜做长些，裤子底边宜向里多折些。

四、学龄期

学龄期儿童也叫中童，指 7 ～ 12 岁儿童。这个时期的儿童身体生长速度十分迅速，身高和围度增加。身头比例为 6 ：1 ～ 6.5 ：1。在校学习、活动成为孩子生活的重要部分。男童与女童之间的身材差异逐渐明显，男童的肩膀比女童要宽，女童的腰部变得更加纤细，身高略低于男童，体重略高于男童。11 ～ 12 岁的女童的发育较快，青春期比男童提前两年，躯体显得更胖，臀部尺寸增加更快，当胸部发育较为明显时，要使用有胸省的少女上衣原型制图，童装原型不能再使用。学龄期的童装特点是动感和舒适相结合。

五、少年期

少年期儿童也叫大童，指 13 ～ 15 岁儿童。这个时期属于青春期，男女有显著的差别。男少年发育十分迅速，身体更加消瘦，肌肉慢慢发达趋于肌肉型体型。女少年逐渐趋于脂肪型体型。少年期服装款式应可爱、纯真、大方，面料选择多样。

第五节　儿童身体测量

儿童身体测量目的是为了得到儿童的体型数据及服装尺寸的依据。

一、测量的注意事项

（1）儿童好动，不易测量准确，要以主要尺寸为主，如身高、臀围、胸围等，其他部位尺寸通过推算或查找参考资料获得。

（2）儿童腰围线不明显，可使其弯曲肘部，肘内侧凸起骨头的位置大致是腰围线的位置。

（3）仔细观察体型特征，及时记录。

（4）测量数值以 cm 为单位。

二、儿童身体的测量部位

测量体型时，女孩应穿贴身衬裙，男孩应穿一套内衣裤。测量长度时，软尺要依人体的凹凸起伏来测；测量围度时，软尺应水平围量，不宜过紧或过松。儿童的身体变化较快，不必进行所有部位的体测，只需测量关键部位，其余部位均采用公式计算获得或使用参考尺寸即可。儿童身体的测量部位及方法如下所述（图1-9）。

（1）胸围（Bust girth）：通常用字母 B 表示。在胸部最丰满位置绕过后背水平围量一周（松度可放入两个手指约等于1cm松量）。

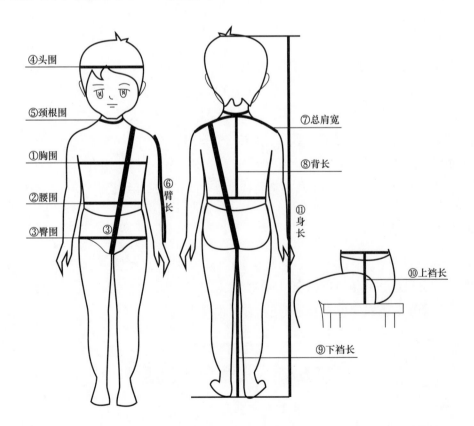

图1-9　人体测量

（2）腰围（Waist girth）：通常用字母 W 表示。测量位置在腰部最细处水平围量一圈（松度可放入两根手指约 1cm 松量）。对于没有腰身的婴幼儿，可沿着肚脐眼位置测量。

（3）臀围（Hip girth）：通常用字母 H 表示。测量位置在臀部最凸出的位置水平围量一周（松度可放入两根手指约 1cm 松量）。

（4）头围（Head girth）：通过眉骨上方和后脑勺将头部围量一周。通常做帽子时要测量头围，除此之外，制作套头衫也要进行测量，因为儿童的头部较大，特别要注意领口大小。

（5）颈根围（Neck girth）：从锁骨内侧，经由颈椎点绕脖根部松松地测量一周，可放入一根手指的松量。

（6）臂长（Arm length）：从肩点通过肘点到腕关节的长度。

（7）总肩宽（Posterior shoulder width）：从左肩点通过后颈点再到右肩点的长度。还有小肩宽，测量位置是从颈侧点到肩端点的长度。

（8）背长（Back length）：从后颈点到腰部最细处的垂直长度。

（9）下裆长（Inside-leg length）：从大腿内侧裆下到地面的垂直距离，是裤长减去上裆长的尺寸。

（10）上裆长（Rise length）：被测者在椅上取端正坐姿，从侧面自腰节量至椅面的长度为上裆长，又称为股上长。

（11）身长：自头顶点至地面的垂直距离，是服装号型的依据。

（12）躯干长（胴长）：这是一个制作连体衣必需的数据，测量方法是从单侧肩膀的中间位置穿过裆底环绕一周再回到原点。

三、儿童年龄身高对照表

儿童年龄身高对照表见表1-4、表1-5。

表1-4　儿童年龄身高对照表——婴幼儿、小童　　　　　　　　　　　　单位：cm

年龄	男童身高			女童身高		
	下限	中限	上限	下限	中限	上限
新生	45.9	50.5	55.1	45.5	49.9	54.2
1月	49.7	54.6	59.5	49.0	53.5	58.1
2月	52.9	58.1	63.2	52.0	56.8	61.6
3月	55.8	61.1	66.4	54.6	59.5	64.5
6月	62.4	67.7	73.2	60.6	65.9	71.2
1岁	70.7	76.1	81.5	68.6	74.3	80.0
1岁半	76.3	82.4	88.5	74.8	80.9	87.1
2岁	80.9	87.6	94.4	79.9	86.5	93.0

续表

年龄	男童身高			女童身高		
	下限	中限	上限	下限	中限	上限
3岁	87.3	94.9	102.5	86.5	93.9	101.4
4岁	94.4	102.9	111.5	93.5	101.6	109.7
5岁	100.7	109.9	119.1	99.5	108.4	117.2
6岁	106.4	116.1	125.8	104.8	114.6	124.5

表1-5　儿童年龄身高对照表——中童、大童　　　　　单位：cm

年龄	男童身高		女童身高	
	下限	上限	下限	上限
7岁	116.6	126.8	115.1	126.2
8岁	121.6	132.2	120.4	132.4
9岁	126.5	137.8	125.7	138.7
10岁	131.4	143.6	131.5	145.1
11岁	139.6	159.2	141.3	159.3
12岁	144.4	166.4	147.5	163.4
13岁	152.8	170.4	151.8	166.9
14岁	159.8	174.3	153.5	168.1
15岁	163.2	177.5	154.5	168.7
16岁	165.5	180.5	155.1	169.2

四、童装尺寸的确定

1. 长度尺寸的确定

童装的长度一般是指衣长、裙长、裤长、袖长等，长度的确定要以具体的款式为依据。

衣长的确定如图1-10所示。衣长可以从腰围线以上到膝关节以下，根据季节和款式来确定。一般情况下衣长以身高为标准，常见款式衣长确定可参考表1-6。

表1-6　童装衣长和身高的关系

服种	上衣	夹克衫	长裤	西装	大衣	连衣裙	短裤
衣长	身高×50%	身高×49%	身高×75%	身高×53%	身高×70%	身高×78%	身高×30%

裤长的确定如图1-11所示，裙长的确定如图1-12所示。裤长、裙长可以从腰围线量至脚踝，一般裙子不宜过长，可根据季节、款式来确定。

袖长的确定如图1-13所示，袖长可以从肩端点量至手腕。

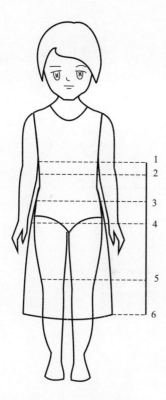

图1-10　衣长的确定

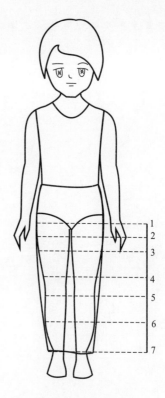

图1-11　裤长的确定

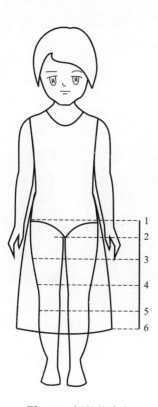

图1-12　裙长的确定

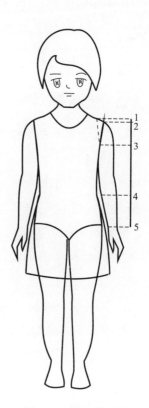

图1-13　袖长的确定

2. 童装主要品类的围度尺寸放松量

以上所测量的尺寸为净尺寸，而服装的成品尺寸要考虑人体的呼吸量和活动量，不同服种、不同季节、不同款式以及不同的穿着对象等需加放不同的松量，如表1-7所示。童装要以舒适为主，过于紧身影响儿童活动，阻碍其身体发育，但过于宽大的服装同样影响儿童的活动。

表1-7　童装主要品类的围度放松量　　　　　　　　　单位：cm

品种 ＼ 部位	胸围放松量	腰围放松量	臀围放松量	领围放松量
衬衫	12 ~ 16			1.5 ~ 2
背心	10 ~ 14			
外套	16 ~ 20			2 ~ 3
夹克衫	18 ~ 26			2 ~ 4
大衣	18 ~ 22			3 ~ 5
连衣裙	12 ~ 16			
背心裙	10 ~ 14			
短裤		2（加松紧带除外）	8 ~ 10	
西裤		2	12 ~ 14	
便裤		2	17 ~ 18	
半截裙		2		

五、儿童服装号型标准

1. 号型的定义

（1）号：人体的身高，以cm为单位表示，是设计和选购服装长短的依据。

（2）型：人体的胸围或腰围，以cm为单位表示，是设计和选购服装肥瘦的依据。体型的差异以胸腰差量的大小来划分。

2. 儿童服装号型标准

儿童服装的号型标准中不区分体型。身高52 ~ 80cm婴儿，身高以7cm分档，胸围以4cm分档，腰围以3cm分档，分别组成7·4和7·3系列。身高80 ~ 130cm的儿童，身高以10cm为档，胸围以4cm为档，腰围以3cm为档，分别组成10·4和10·3系列。身高135 ~ 155cm的女童和身高135 ~ 160cm的男童，身高以5cm分档，胸围以4cm分档，腰围以3cm分档，分别组成5·4和5·3系列。

童装号型系列是设计服装规格的依据见表1-8 ~ 表1-15。

（1）身高52 ~ 80cm婴儿上装号型系列见表1-8。

表1-8 身高52~80cm婴儿上装号型系列 单位：cm

号	52	59		66		73		80
型	40	40	44	40	44	44	48	48

（2）身高 52 ~ 80cm 婴儿下装号型系列见表 1-9。

表1-9 身高52~80cm婴儿下装号型系列 单位：cm

号	52	59		66		73		80
型	41	41	44	41	44	47	44	47	47

（3）身高 80 ~ 130cm 儿童上装号型系列见表 1-10。

表1-10 身高80~130cm儿童上装号型系列 单位：cm

号	80	90			100			110			120			130		
型	48	48	52	56	48	52	56	52	56	52	56	60	56	60	64

（4）身高 80 ~ 130cm 儿童下装号型系列见表 1-11。

表1-11 身高80~130cm儿童下装号型系列 单位：cm

号	80	90			100			110			120			130		
型	47	47	50	53	47	50	53	50	53	50	53	56	53	56	59

（5）身高 135 ~ 160cm 男童上装号型系列见表 1-12。

表1-12 身高135~160cm男童上装号型系列 单位：cm

号	135			140			145			150			155			160		
型	60	64	68	60	64	68	64	68	72	64	68	72	68	72	76	72	76	80

（6）身高 135 ~ 160cm 男童下装号型系列见表 1-13。

表1-13 身高135~160cm男童下装号型系列 单位：cm

号	135			140			145			150			155			160		
型	54	57	60	54	57	60	57	60	63	57	60	63	60	63	66	63	66	69

（7）身高 135 ~ 155cm 女童上装号型系列见表 1–14。

表1–14　身高135~155cm女童上装号型系列　　　　　单位：cm

号	135			140		145		150			155		
型	56	60	64	60	64	64	68	64	68	72	68	72	76

（8）身高 135 ~ 155cm 女童下装号型系列见表 1–15。

表1–15　身高135~155cm女童下装号型系列　　　　　单位：cm

号	135			140		145		150			155		
型	49	52	55	52	55	55	58	55	58	61	58	61	64

六、服装号型各系列控制部位数值

控制部位数值是指人体主要部位的数值（净体数值），是服装设计规格的依据。各控制部位的具体测量方法如图 1–14 所示。

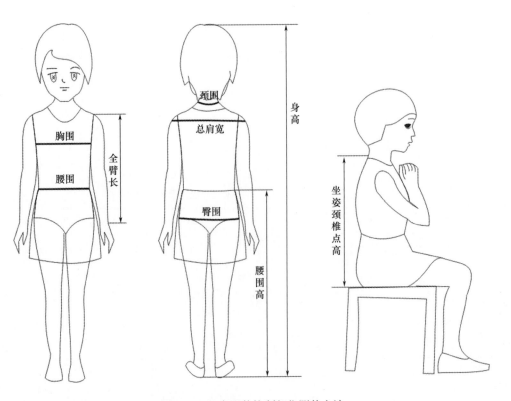

图1–14　儿童服装控制部位测体方法

1. 身高80~130cm儿童服装号型控制部位数值（表1-16~表1-18）

表1-16 身高80~130cm儿童服装控制部位数值　　　　　单位：cm

部位 \ 号		80	90	100	110	120	130
长度	身高	80	90	100	110	120	130
	坐姿颈椎点高	30	34	38	42	46	50
	全臂长	25	28	31	34	37	40
	腰围高	44	51	58	65	72	79

表1-17 身高80~130cm儿童上装控制部位数值　　　　　单位：cm

部位 \ 型		48	52	56	60	64
围度	胸围	48	52	56	60	64
	颈围	24.20	25	25.80	26.60	27.40
	总肩宽	24.40	26.20	28	29.80	31.60

表1-18 身高80~130cm儿童下装控制部位数值　　　　　单位：cm

部位 \ 型		47	50	53	56	59
围度	腰围	47	50	53	56	59
	臀围	49	54	59	64	69

2. 身高135~160cm男童服装号型控制部位数值（表1-19~表1-21）

表1-19 身高135~160cm男童服装控制部位数值　　　　　单位：cm

部位 \ 号		135	140	145	150	155	160
长度	身高	135	140	145	150	155	160
	坐姿颈椎点高	49	51	53	55	57	59
	全臂长	44.50	46	47.50	49	50.50	52
	腰围高	83	86	89	92	95	98

表1-20　身高135~160cm男童上装控制部位数值　　　　　　单位：cm

部位 \ 型		60	64	68	72	76	80
围度	胸围	60	64	68	72	76	80
	颈围	29.50	30.50	31.50	32.50	33.50	34.50
	总肩宽	34.60	35.80	37	38.20	39.40	40.60

表1-21　身高135~160cm男童下装控制部位数值　　　　　　单位：cm

部位 \ 型		54	57	60	63	66	69
围度	腰围	54	57	60	63	66	69
	臀围	64	68.50	73	77.50	82	86.50

3. 身高135~155cm女童服装号型控制部位数值（表1-22~表1-24）

表1-22　身高135~155cm女童服装控制部位数值　　　　　　单位：cm

部位 \ 号		135	140	145	150	155
长度	身高	135	140	145	150	155
	坐姿颈椎点高	50	52	54	56	58
	全臂长	43	44.50	46	47.50	49
	腰围高	84	87	90	93	96

表1-23　身高135~155cm女童上装控制部位数值　　　　　　单位：cm

部位 \ 型		60	64	68	72	76
围度	胸围	60	64	68	72	76
	颈围	28	29	30	31	32
	总肩宽	33.80	35	36.20	37.40	38.60

表1-24　身高135~155cm女童下装控制部位数值　　　　　　单位：cm

部位 \ 型		52	55	58	61	64
围度	腰围	52	55	58	61	64
	臀围	66	70.50	75	79.50	84

七、童装号型的应用

号型系列是人体的净体数值，规格系列是成衣的实际尺寸。由号型系列到规格系列的原则：

（1）以人体净体数值为依据，各部位加放不同的宽松度。

（2）适合儿童的生理、心理及穿着习惯。

（3）要具体考虑采用面料、里料、辅料的种类及款式。

以身高135 ~ 160cm男童衬衫为例来介绍如何应用童装号型。身高135 ~ 160cm男童服装号型控制部位数值见表1-25。

表1-25　身高135 ~ 160cm男童服装号型控制部位数值　　　　　单位：cm

部位＼号		135	140	145	150	155	160
长度	身高	135	140	145	150	155	160
	坐姿颈椎点高	49	51	53	55	57	59
	全臂长	44.50	46	47.50	49	50.50	52
	腰围高	83	86	89	92	95	98
围度	胸围	60	64	68	72	76	80
	颈围	29.50	30.50	31.50	32.50	33.50	34.50
	总肩宽	34.60	35.80	37	38.20	39.40	40.60
围度	腰围	54	57	60	63	66	69
	臀围	64	68.50	73	77.50	82	86.50

衬衫各部位尺寸计算如下（以身高150cm为例）：

衣长 = 坐姿颈椎高点 + 放松量 =55+7=62cm

袖长 = 全臂长 + 放松量 =49+3=51cm

成品胸围 = 胸围 + 放松量 =72+16=88cm

成品领围 = 领围 + 放松量 =32.5+1.5=35cm

成品肩宽 = 总肩宽 + 放松量 =38.2+1=39.2cm

根据以上计算可得身高135 ~ 160cm男童衬衫的规格系列，见表1-26。

表1-26　身高135 ~ 160cm男童衬衫规格　　　　　单位：cm

号/型	135/60	140/64	145/68	150/72	155/76	160/80
衣长	56	58	60	62	64	66
袖长	47.50	49	50.50	52	53.50	55

号/型	135/60	140/64	145/68	150/72	155/76	160/80
成品胸围	76	80	84	88	92	96
成品领围	31	32	33	34	35	36
成品总肩宽	35.60	36.80	38	39.20	40.40	41.60

以上以男童衬衫为例，说明如何从号型系列到规格系列，其他类型的服装可以参考上表，根据不同的净体尺寸，各部位数值加放不同的宽松量。

第二章　童装结构制图

儿童时期体型变化较快，从出生到少年，随着发育成长儿童的体型特征也随之变化，因此童装需要依据不同的年龄层次和体型特征进行设计和制图。

下面介绍一些童装款式及制图，图中尺寸可依据需要进行调整。

第一节　婴儿服装制图

婴儿指从出生到一周岁的儿童。婴儿肌肤比较娇嫩，因此服装必须强调卫生和防护功能。婴儿服装款式造型简单，受流行变化影响较小，没有明显的男女之分。

一、婴儿内衣

1. 款式说明

图 2-1 所示的婴儿内衣，上衣前开口，领子为 V 字领，系带，具有东方色彩，可以是短款也可以是长款，短款腋下系一根带子，长款腋下系两根带子。裤子为开裆裤，腰部系带。

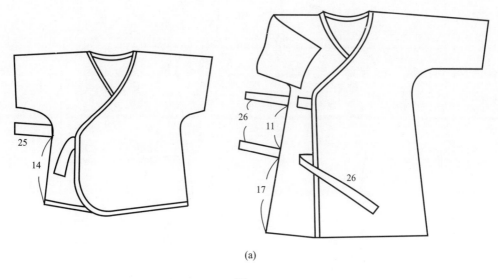

(a)

图2-1

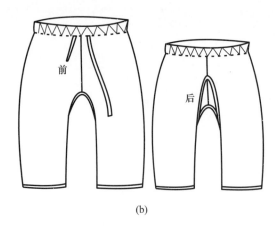

(b)

图2-1 婴儿内衣款式图

2．规格尺寸

婴儿内衣（适合0～3个月的婴儿）的规格尺寸见表2-1。

表2-1 婴儿内衣规格尺寸 单位：cm

部位	衣长	胸围	肩袖长	裤长	臀围
成品尺寸	32～46	48	14～24.5	40	60

3．结构制图

婴儿内衣采用定寸法制图，上衣长和袖长可根据需要或长或短，如图2-2所示。

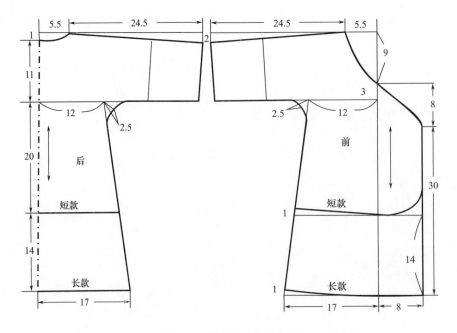

图2-2 婴儿内衣上衣制图

裤子裆部前长后短，露出婴儿臀部，适合婴儿期的生理特征，如图 2-3 所示。

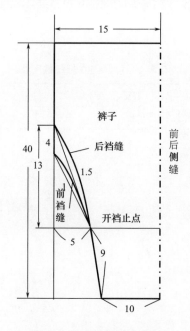

图2-3 婴儿内衣裤子制图

二、婴儿连衣裤

1. 款式说明

此款婴儿连衣裤比较宽松，前开口，钉纽扣，开裆裤，方便穿着，领子为小圆领，活泼可爱。如图 2-4 所示。

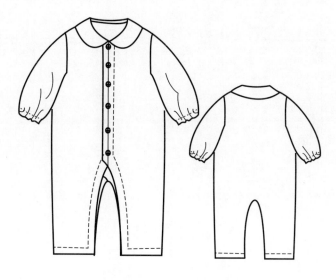

图2-4 婴儿连衣裤款式图

2. 规格尺寸

婴儿连裤（适合 6 个月左右的婴儿）的规格尺寸见表 2-2。

表2-2　婴儿连衣裤规格尺寸　　　　　　　　　　　　　　　单位：cm

部位	衣长	胸围	肩宽	横开领	袖长	袖口围	脚口围
成品尺寸	52.5	64	26	11	28	20	27

3. 结构制图

婴儿连衣裤采用定寸法制图。婴儿连衣裤后片连裁，前中心开口锁眼钉扣，如图 2-5 所示。袖子为一片袖，小圆领，如图 2-6 所示。

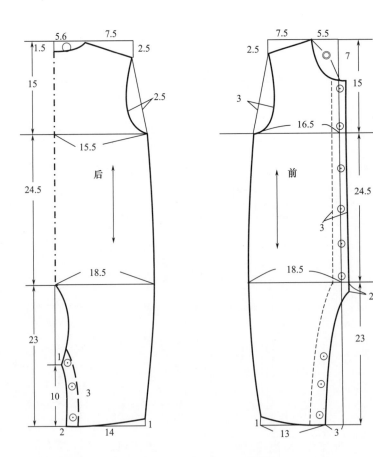

图2-5　婴儿连衣裤衣身制图

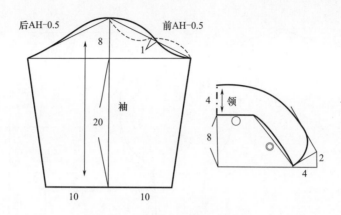

图2-6 婴儿连衣裤领、袖制图

三、婴儿连帽外套

1. 款式说明

前开襟，可钉扣子或装拉链，带帽子，袖口用皮筋抽褶，可做成单层或是带夹里，如图 2-7 所示。

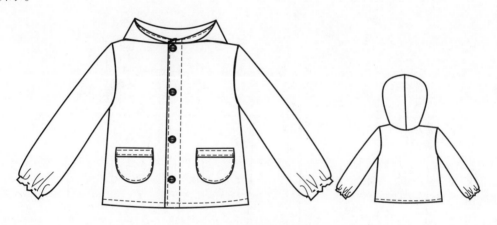

图2-7 婴儿连帽外套款式图

2. 规格尺寸

婴儿连帽外套（适合 1 岁，身长 80cm 左右幼儿）规格尺寸见表 2-3。

表2-3 婴儿连帽外套规格尺寸

单位：cm

部位	衣长	胸围	肩宽	横开领	袖长	袖口围
成品尺寸	27.5	58	24.4	12.4	23	22

3. 结构制图

婴儿连帽外套后中连裁，前门襟锁眼钉扣，下摆侧缝处呈小 A 型，如图 2-8 所示。帽子为两片式，袖子是一片袖，如图 2-9 所示。

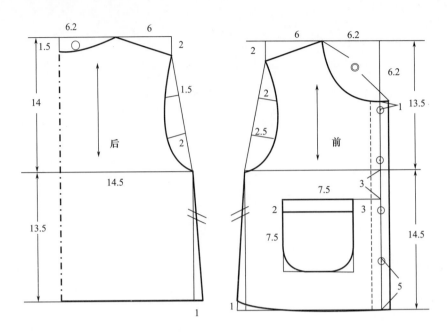

图2-8 婴儿连帽外套衣身制图

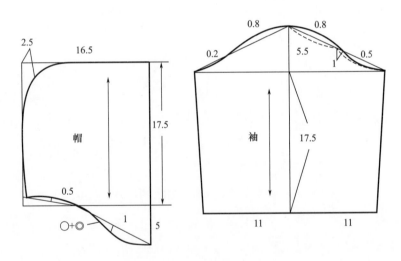

图2-9 婴儿连帽外套帽、袖制图

四、婴儿连帽披肩

1. 款式说明

这款婴儿连帽披肩属于短款披风，下摆和帽檐用其他的布镶边，下摆镶边处有扣，同时能够起到袖子作用，如图 2-10 所示。

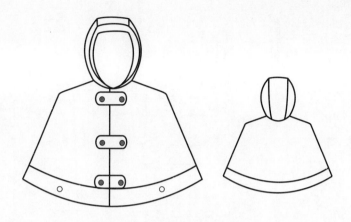

图2-10　婴儿连帽披肩款式图

2. 规格尺寸

婴儿连帽披肩（适合 0 ~ 6 个月，身长 50 ~ 70cm 的婴儿）的规格尺寸见表2-4。

表2-4　婴儿连帽披肩规格尺寸　　　　　　　　　　　　　　　单位：cm

部位	衣长	胸围	肩宽	横开领	肩袖长
成品尺寸	32	不限	不限	12	26.5

3. 结构制图

披肩整体呈 A 型，帽子为三片式，分割线处可加帽耳等装饰，如图 2-11、图 2-12 所示。

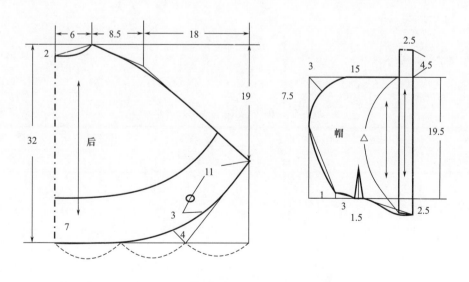

图2-11　婴儿连帽披肩后片、帽侧片制图

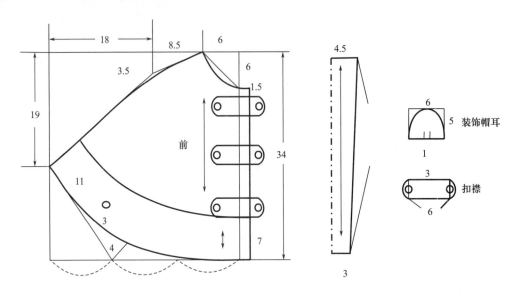

图2-12　婴儿连帽披肩前片、帽中片等零部件制图

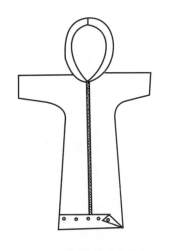

图2-13　婴儿连帽睡袋款式图

五、婴儿连帽睡袋

1. 款式说明

这款睡袋属于中式睡袋，前中线装拉链，后片比前片长5cm，为了防风可以将后片的下摆边折到前身用按扣固定，内絮棉花，如图2-13所示。

2. 规格尺寸

婴儿连帽睡袋（适合4～7个月，身长60～70cm的婴儿）规格尺寸如表2-5所示。

表2-5　婴儿连帽睡袋规格尺寸　　　　　　　　　　　　　　　单位：cm

部位	衣长	胸围	肩宽	横开领	肩袖长
成品尺寸	65	68	不限	10	30

3. 结构制图

此款睡袋整体呈A型。袖子与衣身为中式一体式裁剪。后片中线连裁，前中线装拉链，如图2-14所示。

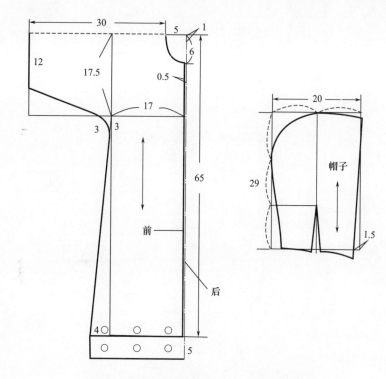

图2-14 婴儿连帽睡袋身片片、帽侧片制图

六、婴儿分脚睡袋

1. 款式说明

这款睡袋为一片式，两脚分开，前身可以交叉用粘扣固定，可开可合，打开为垫子，合上为睡袋，属于两用式睡袋，如图 2-15 所示。内絮棉花，温暖而柔软。

2. 规格尺寸

婴儿分脚睡袋（适合 4 ~ 7 个月，身长 60 ~ 70cm 的婴儿）规格尺寸见表 2-6。

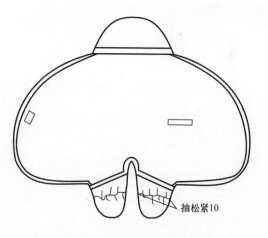

图2-15 婴儿分脚睡袋款式图

表2-6 婴儿分脚睡袋尺寸规格

单位：cm

部位	衣长	胸围	肩宽
成品尺寸	72	不限	不限

3. 结构制图

睡袋整体为一片式椭圆型。后中心连裁，脚部分开，前片缝上粘扣，如图 2-16 所示。

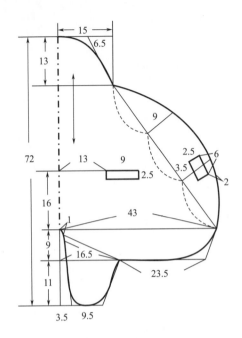

图2-16　婴儿分脚睡袋制图

七、婴幼儿夏凉裤

1. 款式说明

这款夏凉裤前片有胸挡，领口处系带，后片露背，后腰部缭松紧带，胸挡和前后裤脚口及臀围处拼接处有花边，整体活泼可爱，简洁清爽，如图 2-17 所示。

2. 规格尺寸

婴幼儿夏凉裤（适合 1 岁左右，身长 80cm 的婴儿）规格尺寸见表 2-7。

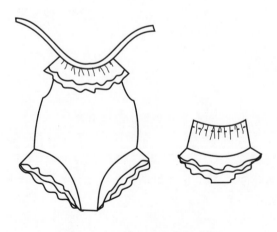

图2-17　婴幼儿夏凉裤款式图

表2-7 婴幼儿夏凉裤规格尺寸

单位：cm

部位	前衣长	胸围	肩宽	前横开领	臀围
成品尺寸	36	不限	不限	22	87

3. 结构制图

夏凉裤的衣长较短，领口处及前后裤脚口及臀围处拼接处装饰花边，花边长度可按实际尺寸的1.5倍或2倍设计，如图2-18所示。

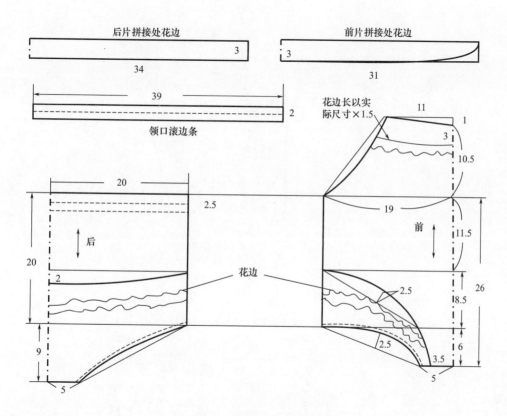

图2-18 婴幼儿夏凉裤制图

八、婴儿围嘴

1. 款式

这款围嘴领口较合体，领口及围嘴的四周边缘滚边，后领口处用按扣固定，如图2-19所示。

2. 规格尺寸

婴儿围嘴（适合4~9个月，身长60~80cm的婴儿）规格尺寸见表2-8所示。

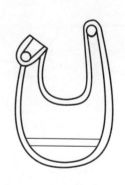

图2-19 婴儿围嘴款式图

表2-8 婴儿围嘴规格尺寸 单位：cm

部位	围嘴宽	围嘴前长	横开领
成品尺寸	20	13	12

3. 结构制图

围嘴为整片裁剪，肩部不断开，前片可设计装饰，如图2-20所示。

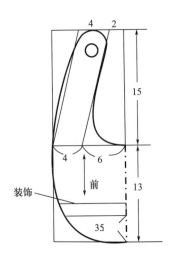

图2-20 婴儿围嘴制图

第二节 童装衬衫与背心结构制图

图2-21 幼儿罩衫款式图

一、幼儿罩衫

1. 款式说明

此款幼儿罩衫为后开口，系带，穿脱方便，前片可装饰图案，袖窿、下摆装饰花边，甜美活泼，如图2-21所示。

2. 规格尺寸

幼儿罩衫（适合1岁，身长80cm左右幼儿）规格尺寸见表2-9。

表2-9 幼儿罩衫规格尺寸 单位：cm

部位	衣长	胸围	肩宽	横开领
成品尺寸	31	69	24	18

3. 结构制图

如图 2-22 所示的幼儿罩衫，后片领口处系带，前片中线处可分可连，前片可装口袋或是贴补图案装饰。

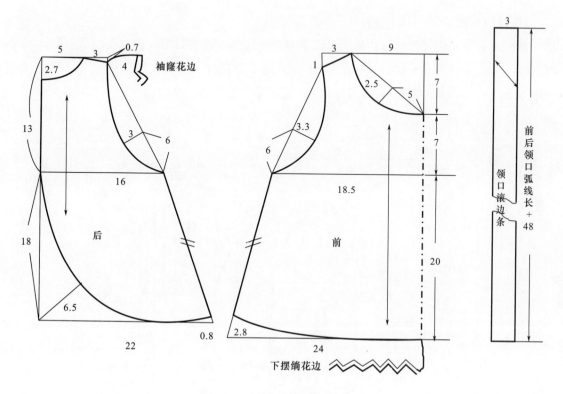

图2-22 幼儿罩衫衣片制图

二、女童短袖衬衫

1. 款式说明

如图 2-23 所示，这是一款有公主线的女童衬衫，胸前拼接，捏褶，装饰花边，带领座的衬衫领，领角是小圆角，泡泡袖，可爱甜美。

2. 规格尺寸

女童短袖衬衫（适合 7 岁，身高 130cm 左右的幼儿）规格尺寸见表 2-10。

图2-23 女童短袖衬衫款式图

表2-10　女童衬衫规格尺寸　　　　　　　　　　　单位：cm

部位	衣长	胸围	肩宽	横开领	袖长	袖口围
成品尺寸	51	78	30	15	13	25

3. 结构制图

此款式的女童短袖衬衫适当收腰，前衣片有公主线，前胸拼接、捏褶。门襟钉纽扣，身高 100 ~ 130cm 可设计 5 粒扣；身高 130 ~ 160cm 是 6 粒扣。后衣片有公主线，后中片连裁，如图 2-24 所示。此款式领子是圆角衬衫领，袖子是小灯笼袖，袖口缝袖头，如图 2-25 所示。

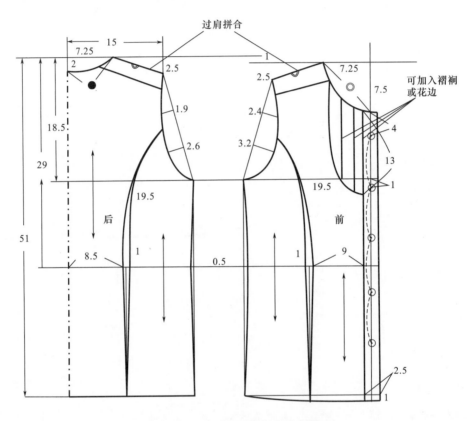

图2-24　女童短袖衬衫衣片制图

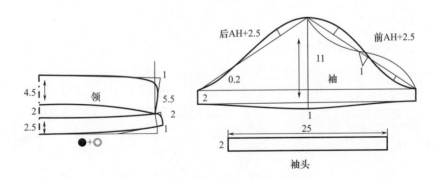

图2-25　女童短袖衬衫领、袖制图

三、女童长袖衬衫

1. 款式说明

如图 2-26 所示，这是一款款式简洁大方的女童长袖衬衫，前胸门襟处装饰花边，圆角翻领，泡泡袖。

2. 规格尺寸

女童长袖衬衫（适合 4 岁，身高 100cm 左右的幼儿）规格尺寸见表 2-11。

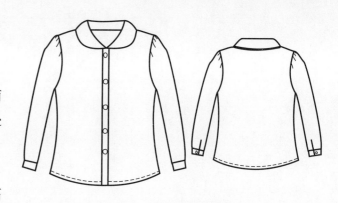

图2-26　女童长袖衬衫款式图

表2-11　女童衬衫规格尺寸　　　　　　　　　　　　单位：cm

部位	衣长	胸围	肩宽	横开领	袖长	袖口围
成品尺寸	40	68	25.5	11.6	35	18

3. 结构制图

此款女童长袖衬衫，侧缝处收腰，弧形下摆，后片中线需连裁，如图 2-27 所示。圆角翻领，袖子袖山处抽碎褶，袖口绱袖头，如图 2-28 所示。

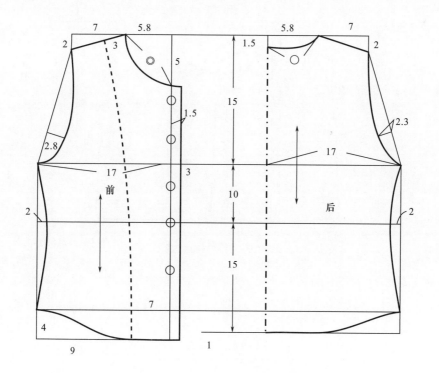

图2-27　女童衬衫衣片制图

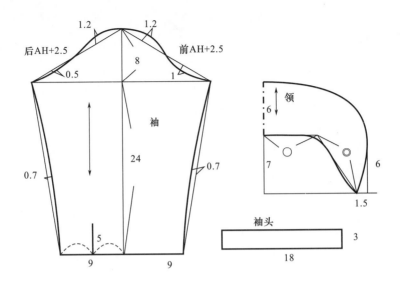

图2-28　女童衬衫领、袖制图

四、男童衬衫

1. 款式说明

此款男童衬衫在日常生活中应用较广泛，一片式装袖，前片左侧设胸袋一个，前片中线处开门襟，钉纽扣，后片有过肩，直下摆，如图2-29所示。

图2-29　男童衬衫款式

2. 规格尺寸

男童衬衫（适合5岁，身高110cm左右的儿童）规格尺寸见表2-12。

表2-12　男童衬衫规格尺寸　　　　　　　　　　　　　　　单位：cm

部位	衣长	胸围	肩宽	横开领	袖长	袖口围
成品尺寸	48.5	80	33	13	16	29

3．结构制图

此款男童衬衫前后有过肩，左前片有胸袋，后片中心需连裁，如图 2-30 所示。衬衫领，短袖，如图 2-31 所示。

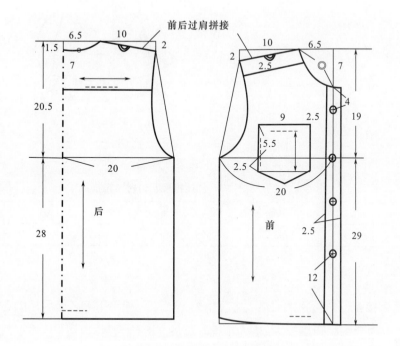

图2-30 男童衬衫衣片制图

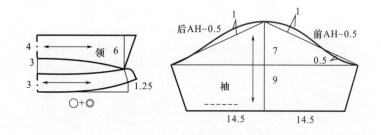

图2-31 男童衬衫领、袖制图

五、圆摆拼接花边衬衫

1．款式说明

如图 2-32 所示，这是一款款式简洁的女童长袖衬衫，前片可装饰口袋，圆领口滚边，下摆拼接花边，使其更加活泼可爱。

2．规格尺寸

此款女童衬衫（适合 5 岁，身高 110cm 左右的幼儿）规格尺寸见表 2-13。

图2-32　圆摆拼接花边衬衫款式图

表2-13　圆摆拼接花边衬衫规格尺寸 　　　　　　　　　　　　单位：cm

部位	衣长	胸围	肩宽	横开领	袖长	袖口围
成品尺寸	41	68	25	14	33	20

3. 结构制图

此款圆摆拼接花边衬衫款式简洁大方，整体呈 A 型，弧形下摆，前后片中心需双折连裁，后领口处开口方便套头，下摆花边长度为下摆长度的 2 倍，若要花边褶量大些长度可放至 3 倍，如图 2-33 所示。袖子为一片式长袖，如图 2-34 所示。

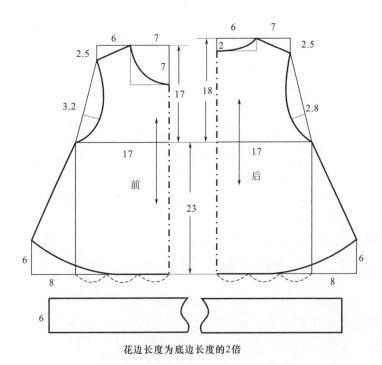

花边长度为底边长度的2倍

图2-33　圆摆拼接花边衬衫衣片制图

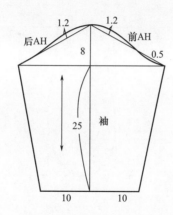

图2-34　圆摆拼接花边衬衫袖子制图

六、儿童西装马甲

1. 款式说明

此款儿童西装马甲双排两粒扣。左前有胸袋,比较正式腰部有装饰用腰带,如图2-35所示。

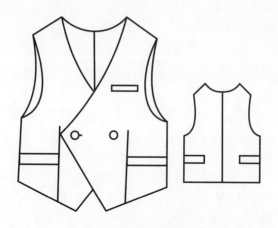

图2-35　儿童西装马甲款式图

2. 规格尺寸

此款儿童西装马甲(适合8岁左右的儿童)规格尺寸见表2-14。

表2-14　儿童西装马甲规格尺寸　　　　　　　　　　　　　　单位:cm

部位	衣长	胸围	肩宽	横开领
成品尺寸	40	80	32	16

3. 结构制图

因为马甲要穿在衬衣外面,所以袖窿开得比较深,后中线处适当收腰,如图2-38所示。

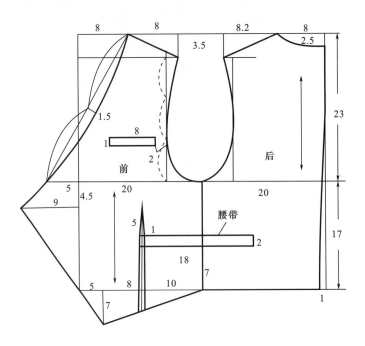

图2-36　儿童西装马甲制图

七、双层马甲

1. 款式说明

此款双层马甲前片开门襟，四粒扣。左前片下方可装饰图案或口袋。面料可用针织布或是棉布，适合秋冬季节，比较休闲，如图 2-37 所示。

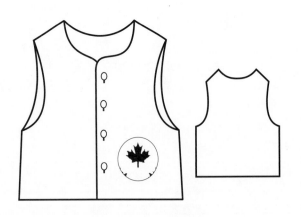

图2-37　双层马甲款式图

2. 规格尺寸

此款双层马甲（适合 3 岁，身高 90cm 左右的儿童）规格尺寸见表 2-15。

表2-15 儿童双层马甲规格尺寸　　　　　　　　　　单位：cm

部位	衣长	胸围	肩宽	横开领
成品尺寸	35	68	23.4	11.4

3. 结构制图

因为马甲要穿在衬衣外面，所以袖窿开得比较深，如图2-38所示。

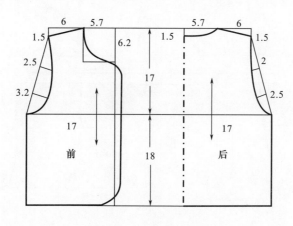

图2-38 双层马甲制图

第三节　童装裙子与裤子结构制图

一、儿童背带裤

1. 款式说明

此款儿童背带裤开口在侧缝处，穿脱方便。有两个大贴袋，活泼可爱。开裆处钉子母扣，实用性强，如图2-39所示。

2. 规格尺寸

儿童背带裤（适合3岁，身高90cm的幼儿）规格尺寸见表2-16。

表2-16 儿童背带裤规格尺寸　　　　　　单位：cm

部位	裤长	腰围	臀围	上裆	脚口围
成品尺寸	39	64	72	21	27

3. 结构制图

此款儿童背带裤由于前腰处收褶，所以胸挡片与裤片断开，后片可连可断。两侧贴袋，下裆缝处钉子母扣。如图2-40所示。

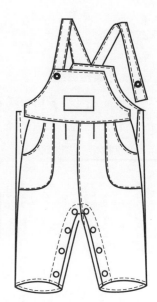

图2-39 儿童背带裤款式图

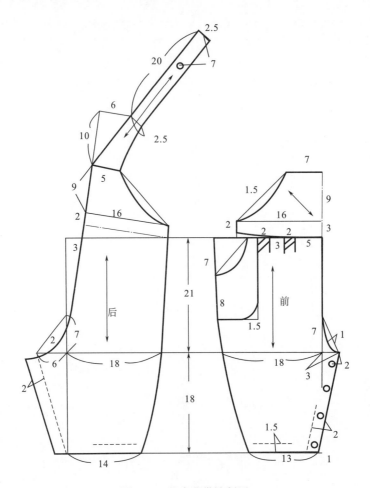

图2-40 儿童背带裤制图

二、牛仔裤

1. 款式说明

此款牛仔裤采用明线装饰，裤型稍瘦。前片有月亮袋，后片有育克、明贴袋，前门襟装拉链，如图 2-41 所示。

2. 规格尺寸

儿童牛仔裤（适合 9 岁，身高 140cm 左右的儿童）规格尺寸见表 2-17。

3. 结构制图

此款牛仔裤后片有育克，前片口袋处可适量收省缝，如图 2-42 所示。

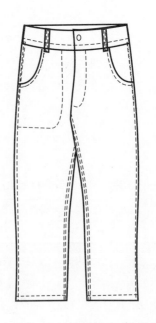
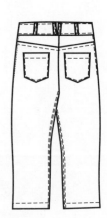

图2-41 牛仔裤款式图

表2-17　儿童牛仔裤规格尺寸　　　　　　　　　　　　单位：cm

部位	裤长	腰围	臀围	上裆	脚口围
成品尺寸	86	70	84	23	30

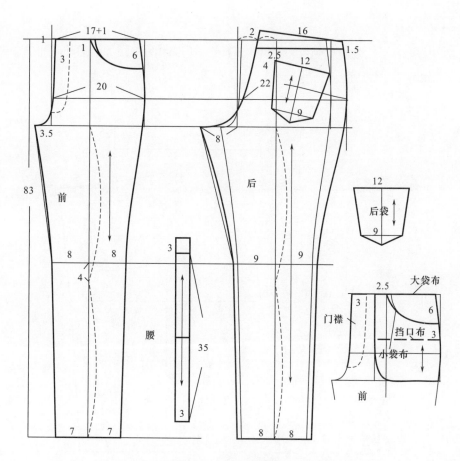

图2-42　牛仔裤制图

三、休闲裤

1. 款式说明

此款休闲裤比较宽松，腰部使用松紧带，裤口使用罗纹，如图2-43所示。

2. 规格尺寸

儿童休闲裤（适合3岁，身高90cm左右的儿童）规格尺寸见表2-18。

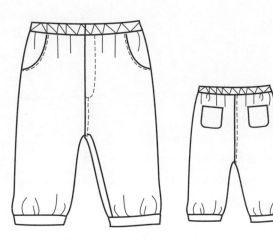

图2-43　休闲裤款式图

表2-18　儿童休闲裤规格尺寸　　　　　　　　单位：cm

部位	裤长	腰围	臀围	上裆	脚口围
成品尺寸	45	44	70	17	30

3. 结构制图

此款休闲裤裤子比较宽松，腰部使用松紧带，所以制图中腰部线条比较平直，裤口使用针织罗纹，如图2-44所示。

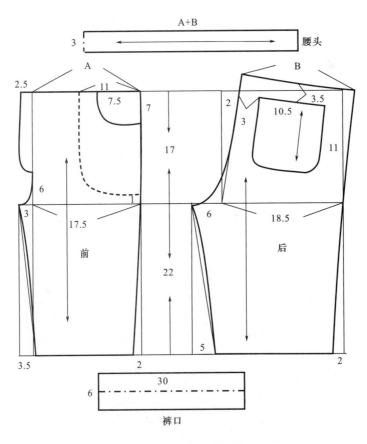

图2-44　休闲裤制图

四、灯笼短裤

1. 款式说明

此款短裤整体呈灯笼造型，比较宽松，腰部使用松紧带，裤口和袋口使用针织罗纹面料形成灯笼效果，如图2-45所示。

2. 规格尺寸

灯笼短裤（适合5岁，身高110cm左右儿童）规格尺寸见表2-19。

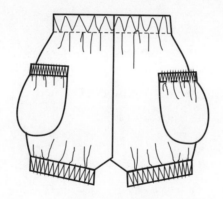

图2-45　灯笼短裤款式图

表2-19　儿童休闲裤规格尺寸

单位：cm

部位	裤长	腰围	臀围	上裆	裤口围
成品尺寸	27.5	松紧	84	19	35

3. 结构制图

此款裤子比较宽松，腰部使用松紧带，口袋沿中线展开加放褶量，袋口和裤口用罗纹面料，如图 2-46 所示。

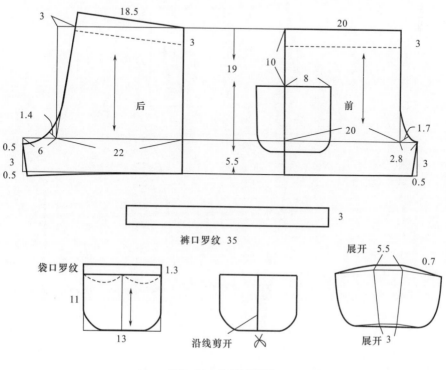

图2-46　休闲裤制图

五、打底裤

1. 款式说明

此款打底裤款式简单，属合体造型。腰部使用松紧带，打底裤使用有弹力的针织面料缝制。如图 2-47 所示。

2. 规格尺寸

此款打底裤（适合 5 岁，身高 110cm 左右的儿童）规格尺寸见表 2-20。

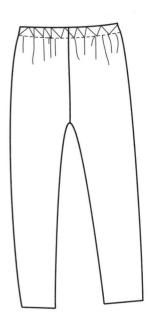

表2-20 儿童打底裤规格尺寸　　　　单位：cm

部位	裤长	腰围	臀围	上裆	脚口围
成品尺寸	62	64	68	22	22

3. 结构制图

此款打底裤比较合体，腰部使用松紧带，线条简单，容易制作。如图 2-48 所示。

图2-47 打底裤款式图

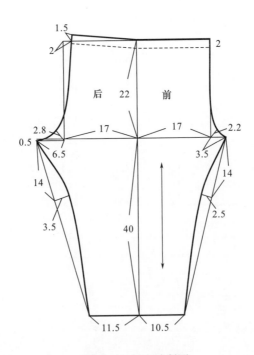

图2-48 打底裤制图

六、塔裙

1. 款式说明

此款塔裙腰部使用松紧带，裙片可连裁，在横向分割线处加入碎褶，形成像蛋糕一样的塔型，外观活泼可爱，如图 2-49 所示。

2. 规格尺寸

塔裙（适合 7 ~ 8 岁，身高 130cm 左右的儿童）规格尺寸见表 2-21。

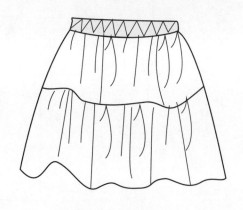

图2-49　塔裙款式图

表2-21　塔裙规格尺寸

单位：cm

部位	裙长	腰围
成品尺寸	30	80（松紧）

3. 结构制图

此款塔裙腰部收松紧带，前后中心连裁或断开均可。如图 2-50 所示。

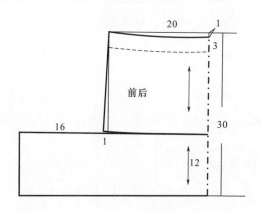

图2-50　塔裙制图

七、牛仔裙

1. 款式说明

此款牛仔裙呈 A 型，前裙片挖袋，后裙片贴袋，后片有育克，分割线处均缉装饰明线。前门襟装有拉链，腰部加松紧以调节尺寸，如图 2-51 所示。

2. 规格尺寸

牛仔裙（适合 5 ~ 6 岁，身高 110cm 左右的儿童）规格尺寸见表 2-22。

图2-51　牛仔裙款式图

表2-22　牛仔裙规格尺寸　　　　　　　　　　　　　　　　单位：cm

部位	裙长	腰围
成品尺寸	26	56

3. 结构制图

此款牛仔裙由于腰部抽松紧带，所以不用收腰。后裙片在中线处可连裁也可断开，该款式断开。如图 2-52 所示。育克在后中线处可连续裁剪也可断开，如图 2-53 所示。

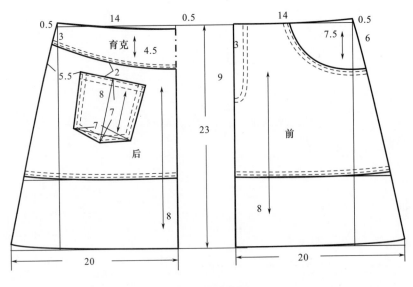

图2-52　牛仔裙制图

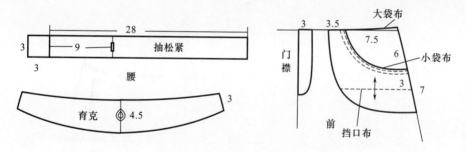

图2-53 牛仔裙腰头、零部件制图

八、裤裙

1. 款式说明

此款裤裙，腰部收碎褶，整体呈 A 型，前片有挡片，像裙子，如图 2-54 所示。

图2-54 裤裙款式图

2. 规格尺寸

裤裙（适合 7 ~ 8 岁，身高 130cm 左右的儿童）规格尺寸见表 2-23。

表2-23 裤裙规格尺寸

单位：cm

部位	裙长	腰围
成品尺寸	35.5	77

3. 结构制图

此款裤裙后腰使用松紧带，所以不必收腰省缝。前腰收 1 个腰省缝如图 2-55 所示。
裤裙前挡片在前片基础上制图，如图 2-56 所示。

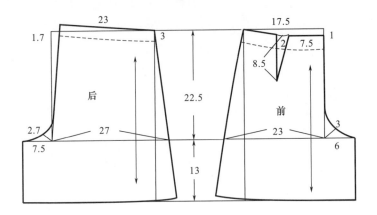

图2-55　裤裙制图

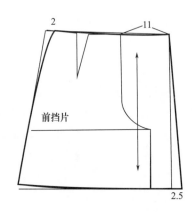

图2-56　裤裙前挡片制图

第四节　童装连衣裙结构制图

一、背心裙

1. 款式说明

此款背心裙上身是背心式的上衣，领口和袖窿可包边也可缲贴边，上衣底边与腰部抽碎褶的裙子相连接，后背装拉链，穿着方便，美观实用，如图2-57所示。

2. 规格尺寸

背心裙（适合3岁，身高90cm左

图2-57　背心裙款式图

右的幼儿）规格尺寸见表2-24。

表2-24 背心裙规格尺寸　　　　　　　　　　　单位：cm

部位	裙长	胸围	肩宽	横开领
成品尺寸	51	60	21	13

3. 结构制图

此款背心裙前片背心式上衣和裙片中线处连裁，后片背缝线处由于装拉链需将背心式上衣和裙片断开裁剪，裙子褶量可根据需要适量增减，如图2-58所示。

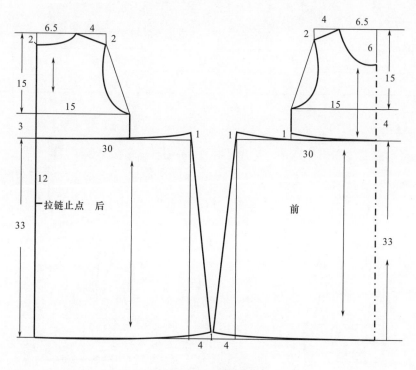

图2-58 背心裙制图

二、坦领泡泡袖连衣裙

1. 款式说明

此款连衣裙的衣领为坦领造型，泡泡袖，腰部有分割线，裙为蓬松下摆，天真可爱，公主味十足。后背开口装拉链方便穿脱，如图2-59所示。

2. 规格尺寸

坦领泡泡袖连衣裙（适合9岁，身高140cm的儿童）规格尺寸见表2-25。

图2-59　坦领泡泡袖连衣裙款式图

表2-25　坦领泡泡袖连衣裙尺寸规格　　　　　　单位：cm

部位	裙长	胸围	肩宽	横开领	袖长	袖口围
成品尺寸	74	80	32	15	14.5	26

3. 结构制图

此款连衣裙前衣片和裙片连裁，后中心由于绱拉链需将衣片和裙片断开裁，裙子褶量可根据需要适量增减，如图 2-60 所示。袖子在袖山斜线处直接加入褶量，领子前后均为圆形，如图 2-61 所示。

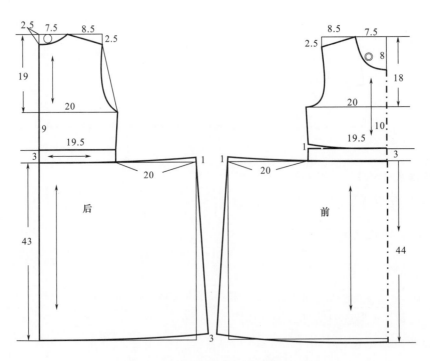

图2-60　坦领泡泡袖连衣裙衣片制图

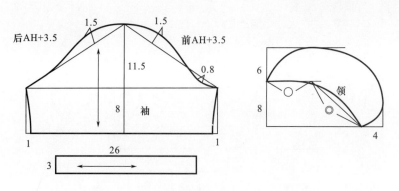

图2-61 坦领泡泡袖连衣裙领、袖制图

三、直身裙

1. 款式说明

此款直身裙为连腰 A 型小裙，活泼可爱。前肩部钉扣方便穿脱。如图 2-62 所示。

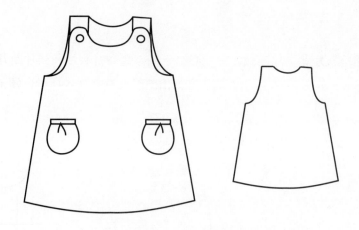

图2-62 直身裙款式图

2. 规格尺寸

直身裙（适合 3 岁左右，身高 90cm 左右的儿童）规格尺寸见表 2-26。

表2-26 直身裙规格尺寸　　　　单位：cm

部位	裙长	胸围	下摆
成品尺寸	59	72	88

3. 结构制图

此款直身裙前后身片连裁，肩部钉扣，领口，袖窿采用贴边。如图 2-63 所示。

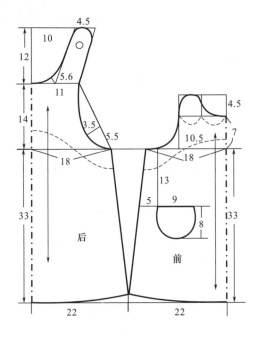

图2-63　直身裙制图

四、女童后开身直身裙

1. 款式说明

此款直身裙为连腰 A 型小裙，前胸可装饰蝴蝶结、贴袋，更加俏皮可爱。后中线处开口装 5 粒扣，方便穿脱，如图 2-64 所示。

图2-64　女童后开身直身裙款式图

2. 规格尺寸

女童后开身直身裙（适合 2 岁，身高 75 ～ 85cm 的儿童）规格尺寸见表 2-27。

表2-27 女童后开直身裙规格尺寸 单位：cm

部位	裙长	胸围	横开领
成品尺寸	40	62	13

3. 结构制图

此款直身裙前片连裁，后中钉扣领口、袖窿采用贴边。如图 2-65 所示。

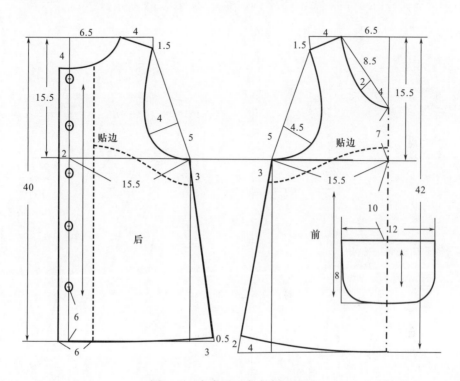

图2-65 女童后开身直身裙制图

五、长袖高腰公主裙

1. 款式说明

此款公主裙为高腰，大裙摆，披肩领，前领可装饰丝带蝴蝶结，后中线处开口绱拉链，方便穿脱。如图 2-66 所示。

2. 规格尺寸

长袖高腰公主裙（适合 4 岁，身高 100cm 的儿童）规格尺寸见表 2-28。

图2-66 长袖高腰公主裙款式图

表2-28　长袖高腰公主裙规格尺寸　　　　　　　　　　　单位：cm

部位	裙长	胸围	横开领	肩宽	袖长	袖肥	袖口围
成品尺寸	51	68	11	25	35	25	17

3. 结构制图

　　此款公主裙前身片连裁，后中线处绱拉链，高腰，上下身断开，如图2-67所示。侧领点重合，在肩端点处将前后片肩线重合前肩的1/4，画领子，如图2-68所示。

　　将裙片上下分割断开，加入褶量和摆量，如图2-69所示。

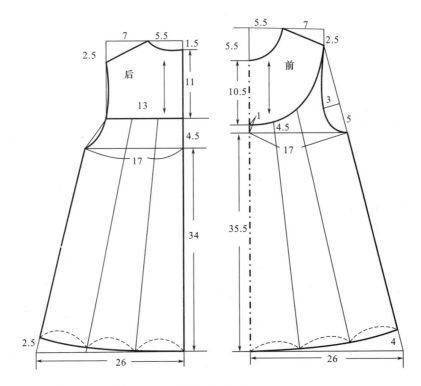

图2-67　长袖高腰公主裙衣片制图

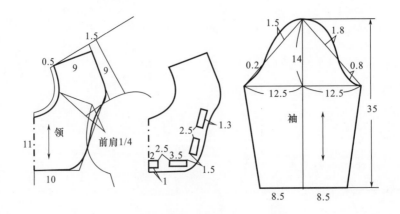

图2-68　长袖高腰公主裙领、袖制图

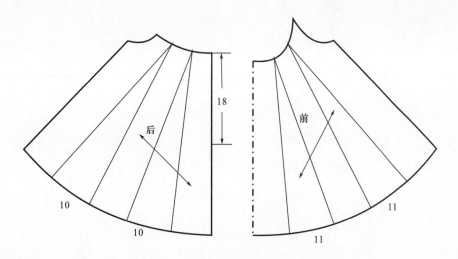

图2-69　长袖高腰公主裙裙摆展开图

六、六粒扣吊带裙

1. 款式说明

此款吊带裙后衣片中线处连裁，前衣片中线处开口钉六粒扣子，方便穿脱。裙子前胸处捏褶，后背使用松紧带抽褶，蓬松下摆，如图 2-70 所示。

图2-70　六粒扣吊带裙款式图

2. 规格尺寸

六粒扣吊带裙（适合 4 ~ 5 岁，身高 95cm 的儿童）规格尺寸见表 2-29。

表2-29　六粒扣吊带裙规格尺寸　　　　　　　　　　　单位：cm

部位	裙长	胸围
成品尺寸	39.5	86

3. 结构制图

此款吊带裙后衣片中线处连裁，前衣片中线处开口钉六粒扣子。裙子前胸处捏褶，褶量可根据需要适量增减。如图 2-71 所示。其中吊带长度 = 前袖窿长 + 后袖窿长 +7+7。后背使用松紧带抽褶，后片松紧带长度 =18cm。

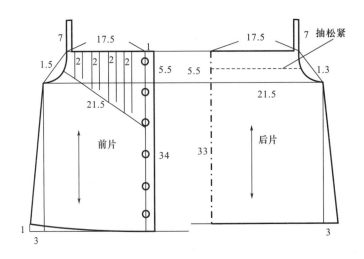

图2-71　六粒扣吊带裙制图

七、花边领拼接连衣裙

1. 款式说明

此款连衣裙上衣身裁片前后衣片中线处都连裁，后领口处有水滴状开口，方便穿脱，裙子下摆加褶蓬松，如图 2-72 所示。

图2-72　花边领拼接连衣裙款式图

2. 规格尺寸

花边领拼接连衣裙（适合5岁，身高100cm的儿童）规格尺寸见表2-30。

表2-30 花边领拼接连衣裙规格尺寸   单位：cm

部位	裙长	胸围	肩宽	横开领
成品尺寸	50	60	22	14

3. 结构制图

此款连衣裙前后上衣身裁片中线处都连裁，后领口中线处开口设计成水滴状中线，方便穿脱。裙摆褶量可根据需要适量增减。袖窿斜线条包边如图2-73所示。

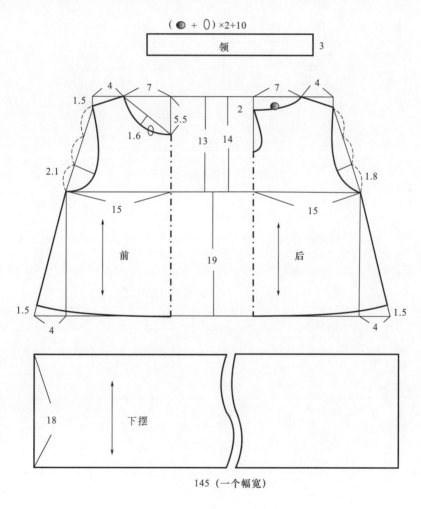

图2-73 花边领拼接连衣裙制图

第五节　童装外套与大衣结构制图

一、男童西装

1. 款式说明

这是西服上装的基本款型，在日常生活中应用较广泛。该款式为单排两粒扣，平驳头，贴袋西服，造型结构紧凑适体。如图 2-74 所示。

图2-74　男童西服款式图

2. 规格尺寸

男童西服（适合 7 岁，身高 120cm 的儿童）规格尺寸见表 2-31。

表2-31　男童西服规格尺寸　　　　　　　　　单位：cm

部位	衣长	胸围	肩宽	横开领	袖长	袖肥	袖口围
成品尺寸	48.5	81	33	14	38	30	23.5

3. 结构制图

此款西服为三开身，腋下片侧缝处需拼合，后中线有开衩，如图 2-75 所示。袖子为两片袖，小袖需拼合，如图 2-76 所示。

二、双排扣风衣

1. 款式说明

此款为女童风衣，双排扣，双层领，上衣片有刀背缝分割，下摆展开后捏褶，修身大气，如图 2-77 所示。

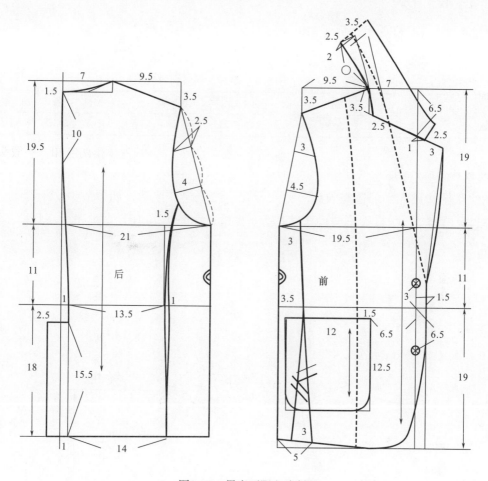

图2-75 男童西服衣片制图

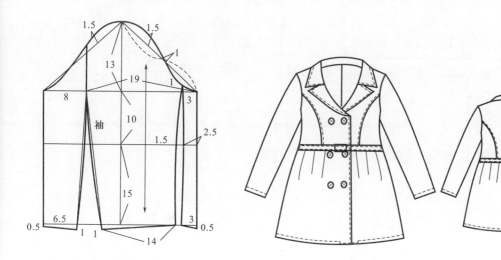

图2-76 男童西服袖子制图

图2-77 双排扣风衣款式图

2. 规格尺寸

双排扣风衣（适合 5 岁，身高 110 ~ 120cm 的儿童）规格尺寸见表 2-32。

表2-32　双排扣风衣规格尺寸　　　　　　　　　　　　　　　　　单位：cm

部位	衣长	胸围	肩宽	横开领	袖长	袖口围
成品尺寸	46	68	31	17	36	30

3. 结构制图

此款双排扣风衣腰部适当收腰，后衣身及下摆中线处连裁，如图 2-78 所示。前后片下摆处均放出褶量，褶量大小可根据需要适当调整，如图 2-79 所示。袖子为一片袖，如图 2-80 所示。

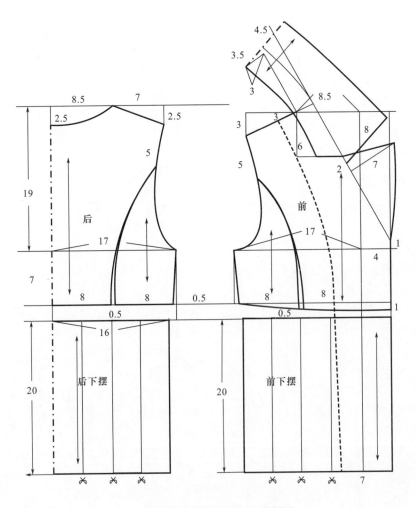

图2-78　双排扣风衣衣片制图

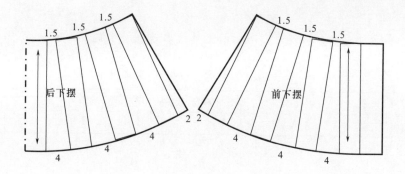

图2-79　双排扣风衣下摆展开图

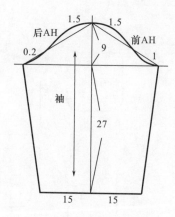

图2-80　双排扣风衣袖子制图

三、带帽拉链外套

1. 款式说明

此款外套衣身宽松，有过肩，前门襟绱拉链，带帽子，有明线装饰，穿着方便，保暖实用性强，如图 2-81 所示。

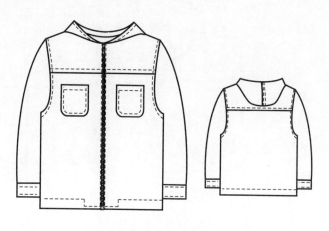

图2-81　带帽拉链外套款式图

2. 规格尺寸

带帽拉链外套（适合 9 岁，身高 140cm 的儿童）规格尺寸见表 2-33。

表2-33 带帽拉链外套规格尺寸　　　　　　　　　　　　　　　　单位：cm

部位	衣长	胸围	肩宽	横开领	袖长	袖口围
成品尺寸	55	84	32	15	47.5	22

3. 结构制图

此款外套后衣片中线处连裁，前后片均设计有育克，如图 2-82 所示。袖子为一片袖，绱袖头，帽子为两片式帽子，如图 2-83 所示。

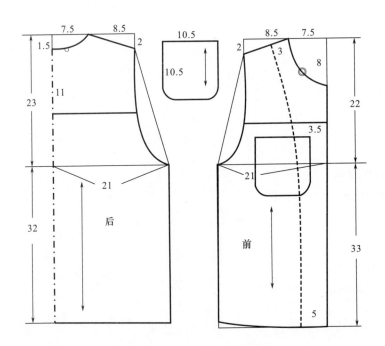

图2-82　带帽拉链外套衣片制图

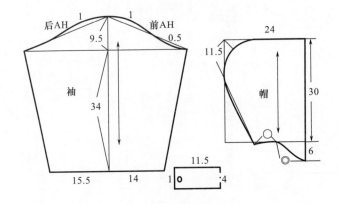

图2-83　带帽拉链外套帽、袖制图

四、箱型大衣

1. 款式说明

此款带帽箱型大衣，前片有贴袋，后片有育克，并加入活褶，袖口加装饰带，如图2-84所示。

2. 规格尺寸

箱型大衣（适合5岁，身高110～120cm的儿童）规格尺寸见表2-34。

图2-84　箱型大衣款式图

表2-34　箱式大衣规格尺寸　　　　　　　　　　单位：cm

部位	衣长	胸围	肩宽	横开领	袖长	袖口围
成品尺寸	63	92	36	16	36	27.5

3. 结构制图

此款大衣后片连裁，有育克，后中线处加褶量，前片两个贴袋，前门襟锁眼钉扣或是绱拉链，如图2-85所示。袖子为一片袖，袖口处加装饰带，帽子为两片式如图2-86所示。

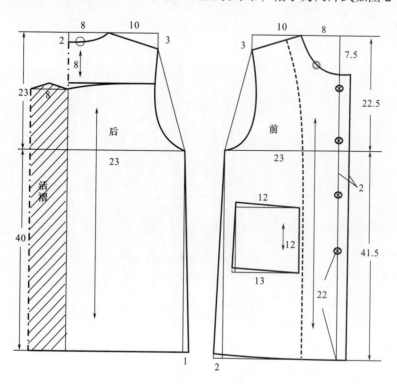

图2-85　箱型大衣衣片制图

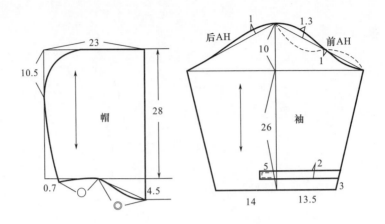

图2-86 箱型大衣领帽、袖制图

五、小童中式棉袄

1. 款式说明

本款棉袄可用各种素色布或花布缝制，可做成对襟也可做成偏襟，适合1岁以上的宝宝穿着，如图2-87所示。

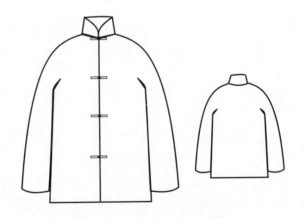

图2-87 小童中式棉袄款式图

2. 规格尺寸

小童中式棉袄（适合1岁，身高80cm的儿童）规格尺寸见表2-35。

表2-35 小童中式棉袄规格尺寸 单位：cm

部位	衣长	胸围	领围（N）	肩袖长
成品尺寸	33	68	27	33

3. 结构制图

此款棉袄的袖子与衣身一体，后片中线连裁，前片可做成对襟也可做成偏襟片，如图2-88所示。

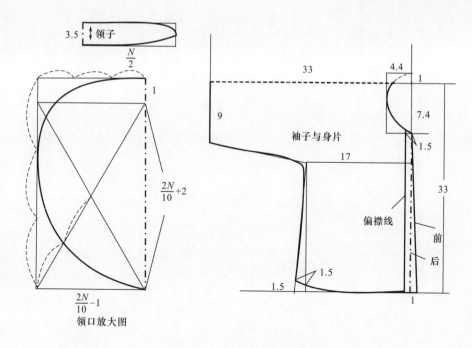

图2-88　小童中式棉袄制图

六、双排扣棉外套

1. 款式说明

此款为女童棉外套，双排扣，圆角翻领，整体呈 A 型，简单大气，如图 2-89 所示。

2. 规格尺寸

双排扣棉外套（适合 3 ~ 4 岁，身高 90cm 的儿童）规格尺寸见表 2-36。

图2-89　双排扣棉外套款式图

表2-36 双排扣棉外套规格尺寸 单位：cm

部位	衣长	胸围	肩宽	横开领	袖长	袖口围
成品尺寸	45	70	24.4	14.4	31	21

3. 结构制图

此款双排扣棉外套整体呈 A 型，后衣身中线处需连裁，门襟为双排扣，如图 2-90 所示。袖子为一片袖，如图 2-91 所示。

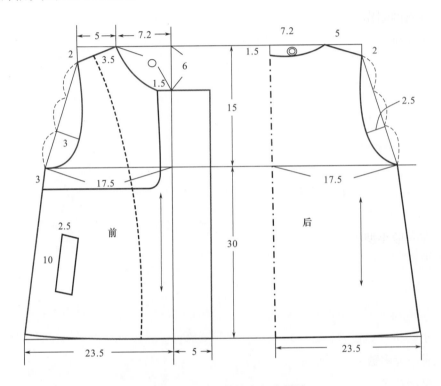

图2-90 双排扣棉外套衣片制图

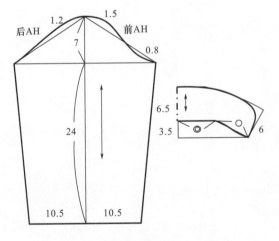

图2-91 双排扣棉外套袖、领制图

第三章　服装制作工艺基础

一件衣服的制作完成过程大体可分为：手缝、机缝和熨烫三大工序，但是在工业批量生产中会分得更细。

第一节　缝制工具

一、针

缝针可分为家用缝针和工业用机针两类。

（1）家用缝针：包括手工用缝针和低速电动运转的家用型缝纫机用针，适合完成普通的缝合，在一般小型企业的低档产品加工时仍有采用，家用缝针有各种型号的手工缝针和家用缝纫机机针。

（2）工业用机针：主要在中速、高速缝纫机上使用，适合成衣加工企业中的工业批量产品，因为工业化生产的服装品位和质量都要求较高，因此对机针的要求也随之提高。工业用针还可以分为平缝机针、包缝机针、链缝机针、绷缝机针、缲边机针等。从针体外形观察有直针和弯针两种。大多数缝纫机使用直针，暗缝机、绗缝机使用弯针，弯针多用于暗缝线迹的加工，如缲边、纳驳头等。

（3）针号：机针针杆直径的代码，是对缝制物种类而言的。不同的服装面料采用不同粗细的缝针，如表3-1所示。

表3-1　面料与针的关系

针＼面料	薄面料	普通面料	厚面料
机针	9号	11号	11号、14号
手缝针	8号、9号	7号、8号	7号、8号

二、缝纫线

缝纫线必须具备三项基本条件，即可缝性、耐用性与质量。按缝纫线的材质可分为：

（1）天然纤维型：棉线、麻线、丝线等。

（2）化学纤维型：涤纶线、锦纶线、维纶线等。

（3）混合型：涤棉混纺线、涤棉包芯线等。

缝线的选择原则应与服装面料同质地、同色彩（用于装饰设计的除外），另外还应注意缝线的质量，例如色牢度、缩水率、牢度租强度等。面料与缝线的关系见表3-2。

表3-2　面料与线的关系

面料	缝线
丝绸、毛、丝／合成纤维、毛／合成纤维、以丝和毛为主的混纺交织布	丝线、涤纶线
棉、棉／合成纤维、以棉为主的混纺交织布	棉线、棉／涤纶线
上述质地以外的面料	涤纶线、棉／涤纶线

三、平缝机

平缝机是应用十分广泛的通用性缝纫机，有家用和工业用两大类，如图3-1所示。

平缝机的主要成缝构件为机针、旋梭、送布牙及挑线杆，这些成缝构件的位置配合十分重要，如果配合不当，会妨碍线迹的正常形成，出现跳针、跳线、断针、断线、送布不良的现象，最终会影响生产进度和产品的质量。

四、包缝机

包缝机又称拷克机、拷边机、切边机、花边机等，它是通用型缝纫机种，是主干缝纫设备。是作业成本的基础核算单位。如图3-2所示。

图3-1　平缝机　　　　　　　　　　　图3-2　高速包缝机

五、熨斗

从前人们用青铜制成带柄的勺斗，内放木炭加热，靠平面形的勺底来烫平服装的折痕，故称它为"熨斗"。

熨斗按加热方式可分为两种：

（1）火加热熨斗。分两种：火熨斗，火焰熨斗，这类熨斗目前已基本淘汰。

（2）电加热熨斗。又称蒸汽熨斗，分两种：全蒸汽熨斗（完全用成品蒸汽加热）和干蒸汽熨斗（又称再热式蒸汽熨斗）。干蒸汽熨斗通过电热装置，对成品蒸汽再进行加热，获得干蒸汽，是熨烫质量和效果最好的熨斗。蒸汽熨斗是服装厂首选的应用熨斗，也是洗烫服务业的首选熨斗，如图3-3所示。

图3-3　全蒸汽熨斗

六、吸风烫台

吸风烫台最基本的功能是吸风抽湿，冷却定型。吸风烫台作业时，有两次吸风过程。第一次吸风是将熨烫物抚平，固定在烫台工作面上；第二次吸风是熨烫后的即时吸风抽湿，一般由模臂控制完成，如图3-4所示。

七、熨烫机

熨烫机可以从工序、用途、结构形式、工作方式等方面进行分类。其中按工序分类有成品熨烫机和分缝、归拔等中间熨烫机；按用途分类的有西服、衬衫、裙套、羊毛衫等专门吸烫机。如图3-5所示。

图3-4　吸风烫台

图3-5　熨烫机

第二节　各种手缝工艺

手工艺制作服装是一项传统工艺，随着缝纫机械的发展、运用以及制作工艺的不断改革创新，虽然手工工艺不断被取代，但就目前缝制服装的状况看，很多工艺过程仍依赖手工工艺来完成。另外，有些服装的装饰离不开手工工艺，手工工艺是一项重要的基本工艺。

一、平针缝（绷针缝）

1. 特点

平针缝是自右向左，先下后上，针脚相等的一种针法，是各种手缝的基础。针码线迹一般上长下短，线迹明显，平展，针距可根据需要而定（图3-6）。

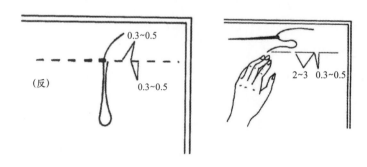

图3-6　平针缝

2. 用途

（1）部件的临时缝合。

（2）衣片定位（即打线丁）。

（3）在机器不能缝合的位置（如里料与面料缝头的固定），使两层以上衣片固定在一起，使之不易移动，便于下步加工。

（4）还常用于寨缝、敷衬、抽袖包（图3-7）、捏褶。

（5）针迹平缝针迹如图3-6所示。

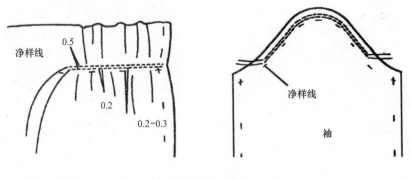

图3-7　抽缝

二、钩针缝

钩针缝又叫环针缝。半钩针又叫半环针，是缝纫机未问世以前，用来作为服装加工的一种针迹，现在的缝纫机线迹就是仿钩针缝，如图3-8所示。

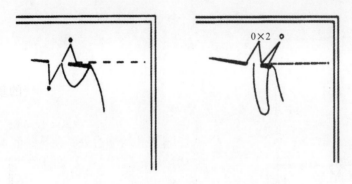

图3-8　钩针缝（左为半钩针缝，右为钩针缝）

1. **特点**

表面针码排列整齐，反面针码很粗糙，粗看起来与缝纫机针迹相似。

2. **用途**

用于衣片之间永久性结合缝，如合肩缝、合裤中缝等，该针迹抗伸拉强度大，缝合弹性好。

3. **针法**

（1）半钩针缝，将针返回到原来针迹的1/2或1/3处，进针缝下一个针迹的方法。

（2）钩针缝：将针返回到原来针迹的针眼位置，进针缝下一个针迹的方法。

4. **要求**

正面线迹排列整齐，针距长度相等，拉线松紧适当。

三、缭缝（缲针）

缭缝是毛料加工中常用的一种针法，缭缝又分明缭和暗缭。明缭：线迹略露在外面的针法（直插针）；暗缭：线迹在底边缝口内针法（斜插针）。如图3-9所示。

1. **特点**

缝口光结，无毛茬，反面不露针脚。

2. **作用**

永久性的结合缝。用于衣片上下层的结合，如底边、袖口边、裤脚口边。

3. **用途**

明缭多用于西服的袖口、袖窿、裤垫底、膝盖绸等。暗缭多用于西服、半大衣的里料下摆处理，裙子的下摆处理。

4. **针法**

明缭多采用直针针法，正面只能挑1～2根纱，不可有明显针迹，针距大约0.3cm。暗缭多采用斜针

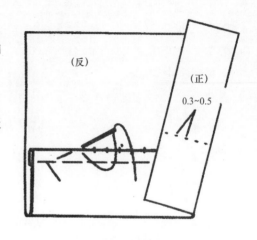

图3-9　缭缝

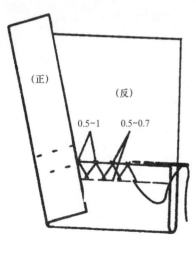

（正）

（反）

0.5~1　0.5~0.7

图3-10　三角针

针法，由于缝的针迹是倾斜的，针距为 0.3 ~ 0.5cm。

5. 要求

针脚整齐细小，拉线松紧适度。

四、三角针

用于毛料服装的毛边处，使毛边不脱纱，也有使部件结合的作用。三角针是由左向右操作的一种针法。

1. 特点

线迹排列整齐，美观，正面不透针脚。

2. 用途

主要用于西服下摆、袖口、裤脚口等翻边的缝合。

3. 针法

从左上到右下，交叉地小针缝，左上针缝在面料的反面，离折边 0.1cm，挑 1 ~ 2 根纱，正面不能露针迹。右下针缝在折边正面，距边 0.7 ~ 0.8cm，针距离 0.7 ~ 0.8cm 左右，缝线不松不紧，如图 3-10 所示。

4. 要求

针距均匀，针脚大小相同，拉线松紧适度，正面不露针脚，线与面料同色。

五、扣环（拉线襻）

扣环一般固定作用，如图 3-11 所示。

1. 特点

扣环是模仿钩针针法。

2. 作用

用于面料与里料下摆的连接，起固定作用，也可用在衣领下角作领襻。

3. 用途

用于活里下摆与面料结合。如西服、大衣、风衣等。

4. 针法

首先将线牢牢固定在布上，然后用左手套住线圈，左手中指钩住缝线，放开左手套住的线圈，右手拉线，形成线襻，如此循环往复至所需长度，最后将针通过线圈，牢牢固定，在反面做个线结。

六、锁扣眼

锁眼在服装生产中已被各种型号的锁眼机所代替，但对于一个服装技术人员来说，应掌握手工锁眼的技术，如图 3-12 所示。

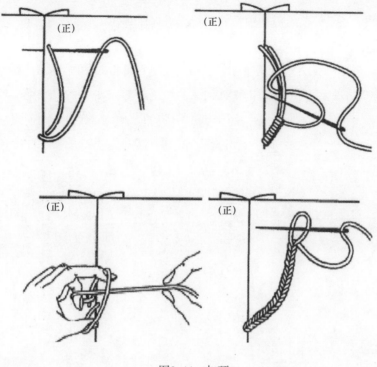

图3-11　扣环

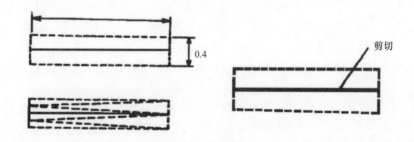

图3-12　锁扣眼a

　　手工锁眼时，一般使用30号的棉或涤纶线、丝线。线的长度大约是眼孔的30倍，在锁眼的操作中，注意不要让线劈开。

　　锁眼操作步骤：

　　（1）确定扣眼大小，一般宽0.4cm，长是扣子直径＋扣子的厚度（一般为0.3cm），然后机缝。若是容易毛边的布料，要在扣眼中来回进行几道机缝，防止脱纱，如图3-12所示。

　　（2）在扣眼中央剪开切口。如图3-12所示。

　　（3）在扣眼周围缝上一圈芯线，然后一边结球，一边锁下去，如图3-13所示。

　　（4）一侧眼锁完后，在角的地方呈放射状，然后同上次一样，一边结球，一边锁。如

图 3-13 所示。

（5）锁到最后，将针插入最初锁眼的那根线，如图 3-13 所示。

（6）将线横向缝两针。再纵向缝两针。如图 3-14 所示。

（7）在里侧来回两次穿过锁眼针目，不用做线结直接将线切断，如图 3-15 所示。

（8）锁眼完毕后，注意不要忘记将最初做的线结切去，如图 3-15 所示。

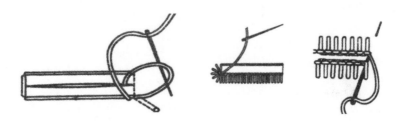

图3-13　锁扣眼b

图3-14　锁扣眼c　　　　　　　　　　　　　图3-15　锁扣眼d

七、钉扣

最初与最后所做线结，不要留在反面，如图 3-16 所示。

缝扣步骤：

（1）做线结，在布的正面缝成十字形。

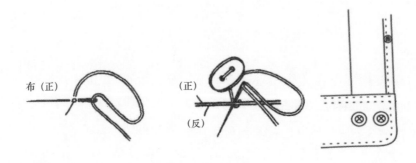

图3-16　钉扣

（2）线穿 4 ~ 5 回，将线拉紧穿到反面。

（3）在反面做一个线结，然后将线结拉到布间或线足的间隙中，齐根断去多余的线。

八、常见刺绣方法

在童装中常用刺绣针法进行装饰。

1. 茎梗针法

针迹重合的少为细梗，重合多为粗梗。如图 3-17 所示。

2. 链式针法

链式针法又叫穿花、套针、连环针等，外观像锁链一样，所以称锁链针法，如图 3-18 所示。

3. 跨线针法

外观像叶子嫩芽一样，缝一针后，第二针跨过第一针的线，所以称跨线针法。如图 3-19 所示。

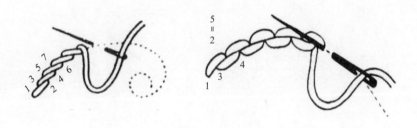

图3-17　茎梗针法

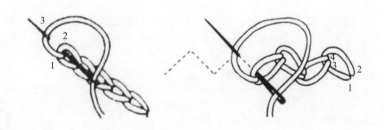

图3-18　链式针法

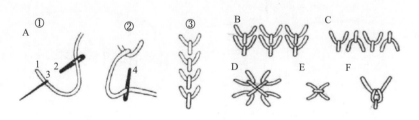

图3-19　跨线针法

4. 锁边针法

锁边针法是一种用途很广的刺绣针法，它常被用于普通布料的锁边，不让布露出毛边，也用于贴布边缘的装饰绣，如图 3-20 所示。

5. 羽状针法

羽状针法的装饰味比较浓，可以有多种变化的形式，如图 3-21 所示。

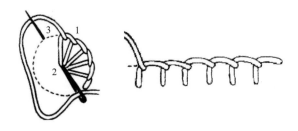

图3-20　锁边针法

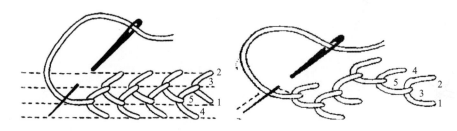

图3-21　羽状针法

6. 山形针法

山形针法呈连续的 V 字形，可用于两线之间作轮廓的边缘或填补图案，如图 3-22 所示。

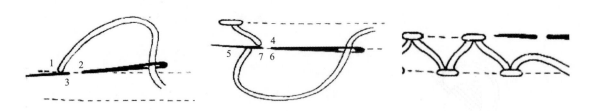

图3-22　山形针法

7. 十字针刺绣针法

十字针法比较简单，外形像字母"X"，在绣制过程中先绣交叉的一半，再绣另一半，但要注意交叉线上下的顺序要一致，如图 3-23 所示。

8. 结式针法

结式针法在刺绣中主要是以点的形式出现的，如图 3-24 所示。

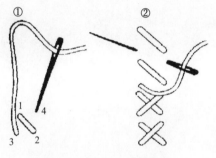

图3-23 十字针刺绣针法

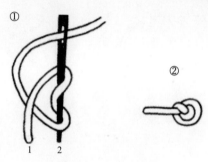

图3-24 结式针法

9. 卷针绣

在卷针绣线在针上缠绕时，绕的圈数可根据需要自定，如图 3-25 所示。

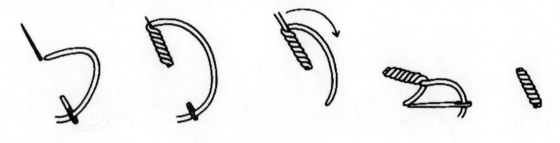

图3-25 卷针绣

10. 缎纹绣、包芯缎纹绣、长短针绣

在已画好的图案上用平针将图案绣满，在绣制过程中要注意线与线之间要排列密实，不能露出底布，且线与线之间始终是平行的，如图 3-26 所示。

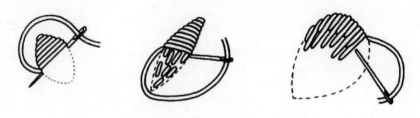

图3-26 缎纹绣、包芯缎纹绣、长短针绣

11. 叶子绣

叶子绣主要用于绣制叶子，其线与线之间没有空隙，线在中间的叶脉处有交叉，叶脉交叉也有大小之分，如图 3-27 所示。

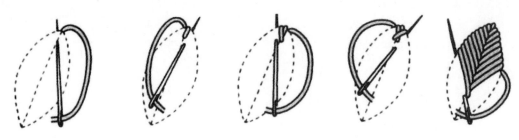

图3-27 叶子绣

第三节 常用机缝工艺

一、平缝

平缝用于衣片缝合，把两层衣片正面相叠，沿着所留缝头进行缝合，一般缝头宽为1cm左右，如图3-28所示。

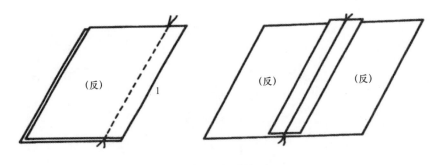

图3-28 平缝

二、袋缝（来去缝）

适用于透明、容易毛边的布料缝制，如图3-29所示。

（1）首先将两片裁片反面相对，然后距净印线0.5～1cm的外侧进行机缝，之后，将两片裁片缝头剪至0.3～0.5cm，用熨斗劈缝熨烫。

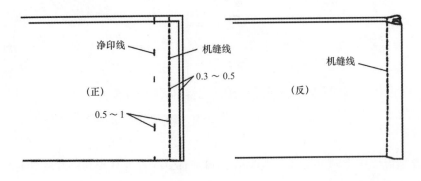

图3-29 袋缝

（2）最后将布料正面相对，在净印线上压明线。

三、骑边缝

由双缝线组成，先在离缝头 1cm 合缝，劈缝，然后在裁片的一边距边 0.1cm 压明线，多用于裤后裆缝，如图 3-30 所示。

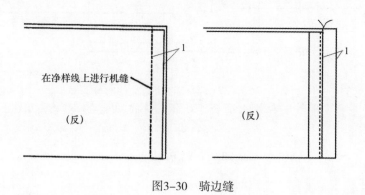

图3-30 骑边缝

四、暗包缝

将两片裁片的正面对正面缝头错开 1/2 或稍比 1/2 多一些，进行机缝，使幅宽的缝头包着幅窄的那一片，然后使缝头窄的那一片倒，之后，进行熨烫。最后在反面压明线缝，如图 3-31 所示。

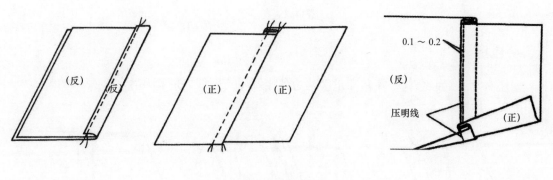

图3-31 暗包缝

五、明包缝

裁片反面对反面先包过来 0.6cm，距边 0.5cm 缝线，按图示翻过来在反面缉 0.4cm 明线，如图 3-33 所示。

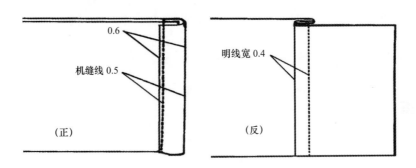

图3-32　明包缝

六、折边缝

在设计上，兼有压明线的作用，适合于机缝线不太明显的布料，如图 3-33 所示。折边缝有两种：

（1）不完全三折缝，适合于不透明的布料。

（2）完全三折边，适合于透明的布料。

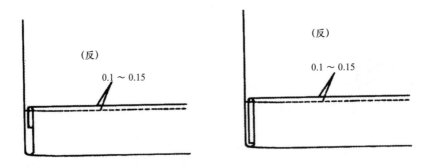

图3-33　折边缝

七、分压缝

两层裁片平缝后分缝，在裁片正面两边各压缉一道明线。用于裁片拼接部位的装饰和加固作用，如图 3-34 所示。

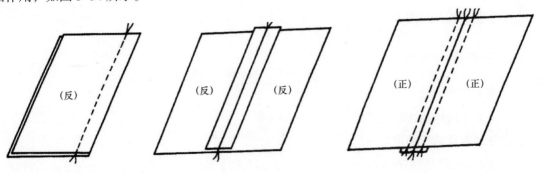

图3-34　分压缝

第四节　斜牵条的裁制与使用

一、裁剪

正斜牵条与布的纱向呈 45°。斜纱条的宽度，根据需要自定，如图 3-35 所示。

二、缝合

将裁剪好的牵条按图示缝接，注意布的纱向，然后进行机缝，接着将缝头劈开，熨烫，并将多余缝头的剪去，如图 3-36 所示。

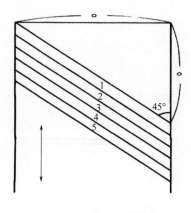

图3-35　斜牵条的裁剪

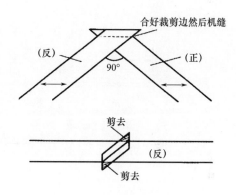

图3-36　斜牵条的缝接

三、熨烫

做成包边、滚边使用前进行熨烫，轻轻地一边拉抻一边熨烫，使其平展美观，如图 3-37 所示。

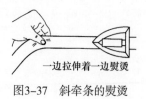

图3-37　斜牵条的熨烫

四、斜牵条的使用

常见使用方法一般有以下几种：

（1）将斜牵条的正面与裁片正面相对，进行机缝，接着将斜牵条另一边折烫或事先折烫，然后翻到裁片的反面进行手缝，如图 3-38 所示。

（2）如果使用薄的透明的斜牵条，为了使裁片缝头的裁剪边不透，将斜纱条折成两层进行机缝，然后手针缭缝，如图 3-39 所示。

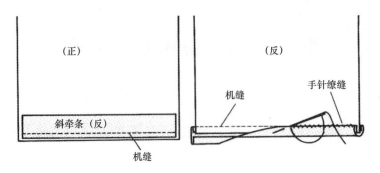

图3-38　斜牵条的使用（1）

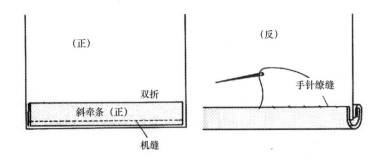

图3-39　斜牵条的使用（2）

（3）将斜牵条的边折起来，夹着裁片的边，然后在斜纱条上缉明线，要求斜纱条正反面一次缝住，如图3-40所示。

（4）先将斜牵条缝在裁片正面上，再将斜牵条折烫或事先折烫，然后翻转到裁片反面，宽度比正面略宽，从裁片正面落针机缝缉明线，要求缝住反面斜牵条，如图3-41所示。

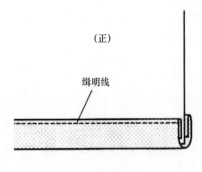

图3-40　斜牵条的使用（3）

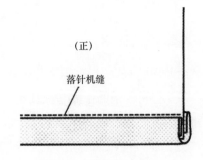

图3-41　斜牵条的使用（4）

（5）事先定好斜牵条正面宽度，再将斜牵条缝在裁片表面上，然后直接翻到反面，将反面斜牵条展开，从裁片正面落针机缝缉明线。这种方法多用于大衣、外套等的缝头、下摆的处理，如图 3-42 所示。

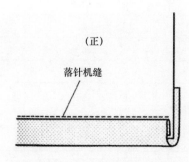

图3-42　斜牵条的使用（5）

第四章　童装裁剪与缝制

前面所述制图得到的样板均为净样板，实际制作成衣时需要加放缝份的毛样板，用毛样板再去排料裁剪，然后进行缝制。下面将前面所述的部分款式制作出样板、排料图和缝制过程。

第一节　婴儿内衣裁剪与缝制

一、款式

此款婴儿内衣上衣前开口，领子为和尚领，系带，具有东方色彩。裤子为开裆裤，腰部系带，如图 4-1 所示。

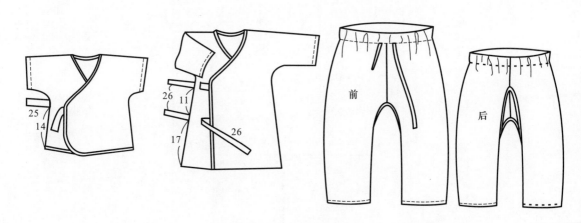

图4-1　婴儿内衣款式图

二、样板及加放缝份

此款婴儿内衣后片连裁，前门襟及领口下摆，侧缝放缝份 1~1.5cm，袖口折边放缝份 2cm，如图 4-2 所示，若是包边袖口采用净样。裤子采用一片裤，侧缝不分开，腰放 3cm 折边，脚口放 2cm，前后中缝各放 1cm，裆缝包边取净样，如图 4-3 所示。

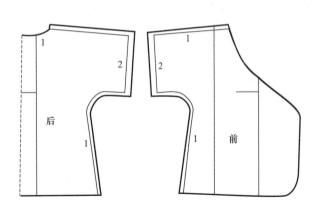

图4-2　上衣样板

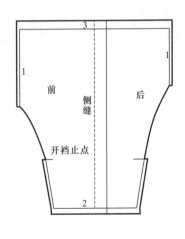

图4-3　裤子样板

三、裁剪排料

采用纯棉布，短款需要幅宽110cm，长约90cm，长款需要幅宽110cm，长约110cm，裁剪排料图如图4-4所示。

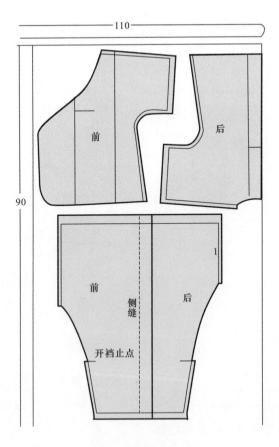

图4-4　排料图

四、材料准备

婴儿皮肤娇嫩，所选材料必须柔软环保，不刺激皮肤。材料准备见表4-1。

表4-1　婴儿内衣单件（套）材料

材料	颜色	单耗（0~6个月）含1%损耗	说明
款式：婴儿内衣			
面料	白色	110cm	纯棉布，幅宽110cm
包边条	浅色	130cm	印花棉布，两折，幅宽2cm
丝带	浅色	200cm	棉质，幅宽0.9cm
缝纫线	白色	50m	
主标	蓝底白字	1个	尺码各不同，装在后领中线
洗水标	白底黑字	1个	左侧缝，距下摆净折边10cm处
吊牌	蓝底白字	1个	正面蓝底白字，背面白底黑字

五、缝制

1. 婴儿内衣上衣工艺流程

做缝制标记→合肩缝→合袖底缝、侧缝、固定带子→锁缝肩缝、袖底缝、侧缝、袖口缝份→领子、前门襟、下摆滚边→袖口折边缉明线→整烫

2. 婴儿内衣裤子工艺流程

做缝制标记→缝合前后裆中缝→包缝裆底→锁缝腰头、裤脚口→腰口处锁眼、合下裆缝→折缝腰头、裤脚口→整烫

3. 婴儿内衣上衣工艺操作过程

（1）做缝制标记，如图4-5所示。

（2）合肩缝。前后衣片正面相对，辑缝肩缝，缝头1cm，如图4-6所示。

（3）合袖底缝、侧缝，固定带子，如图4-7所示。

（4）锁缝肩缝、袖底缝、侧缝、袖口的缝份，如图4-8所示。

（5）领口、门襟、下摆滚边在领口、门襟止口、底边分别滚边，并将带子固定在指定位置，如图4-9所示。

（6）袖口折边缝。将袖口沿净印线折边，据边1.5cm缝线，如图4-10所示。

（7）整烫。按先里后面的顺序，整烫平整，如图4-11所示。

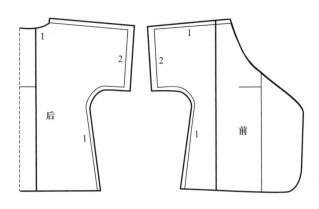

图4-5 做标记

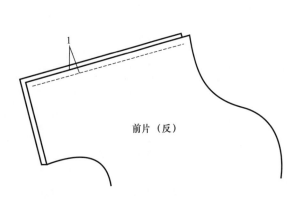

图4-6 合肩缝

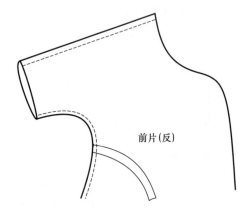

图4-7 合袖底缝、侧缝

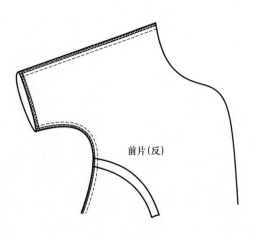

图4-8 锁缝

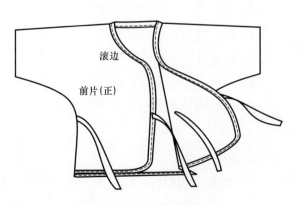

图4-9 领口、门襟下摆滚边

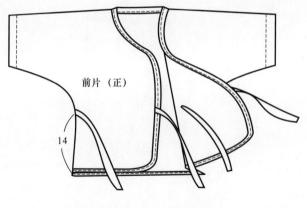

图4-10 袖口折边缝

图4-11 整烫

4. 婴儿内衣裤子工艺操作过程

（1）做缝制标记，如图 4-12 所示。

（2）缝合前后裆中缝。缝合前后裆上部的前后中缝，劈烫，如图 4-13 所示。

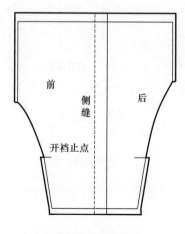

图4-12 做标记

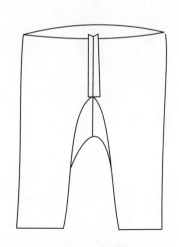

图4-13 合裆缝

（3）裆底滚边。用斜纱布条给裆底滚边，如图 4-14 所示。

（4）锁缝腰头、裤脚口，如图 4-15 所示。

（5）腰口处锁眼，缝合下裆缝，如图 4-16 所示。

（6）折缝腰头、裤脚口。腰头折 3cm，将带子放入折边内，距腰头上缘线 2.5cm 缉明线，裤脚口折 2cm，距底边 1.5cm 缉明线，如图 4-17 所示。

（7）整烫，如图 4-18 所示。

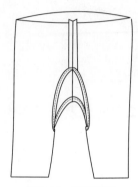

图4-14 裆底滚边

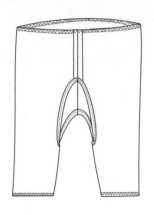

图4-15 锁缝腰头、裤脚口

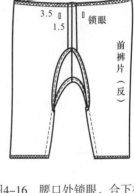

图4-16 腰口处锁眼，合下裆缝

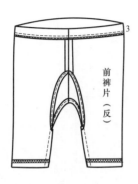

图4-17 折缝腰头、裤脚口

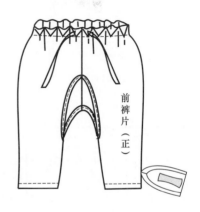

图4-18 整烫

第二节 儿童背带裤裁剪与缝制

一、款式

此款背带裤的开口在侧缝处，穿脱方便。背带裤的两个大贴袋，活泼可爱，开裆处钉纽扣，实用性强，如图4-19所示。

二、样板及加放缝份

前后裤片中缝放1cm，侧缝放1.5cm，裤脚口折边放2.5cm，下裆缝放2.5cm，如图4-20所示。贴边及挡胸片在中线对折，加放缝份，如图4-21所示。

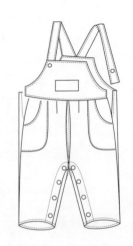

图4-19 儿童背带裤款式图

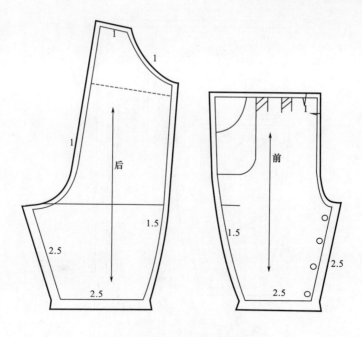

图4-20　前后裤片样板

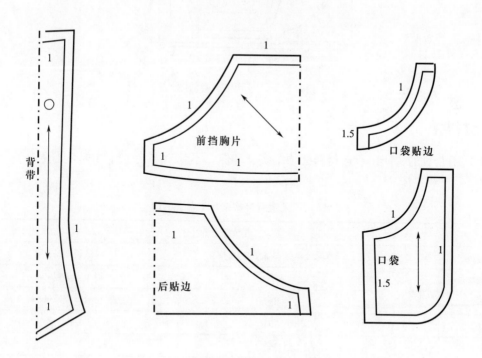

图4-21　零部件样板

三、裁剪排料

面料采用厚棉布幅宽 90cm，长约 90cm，衬料幅宽 90cm，长约 40cm，如图 4-22 所示。

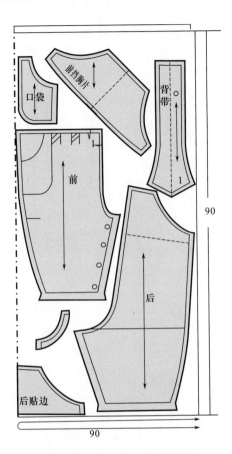

图4-22 儿童背带裤裁剪图

四、材料准备

为适用儿童的特征，所选材料必须结实、环保、不刺激皮肤。材料准备见表4-2。

表4-2 儿童背带裤单件（套）材料

款式：儿童背带裤			
材料	颜色	单耗（身高90cm）含1%损耗	说明
面料	深色	90cm	厚棉布，幅宽90cm
衬	深色	40cm	无纺衬，幅宽90cm
缝纫线	棕色	50m	
装饰商标		1个	
纽扣	深色	2粒	直径1.5cm
子母扣	银色	9副	直径1cm
主标	蓝底白字	1个	尺码不同，挂在后领中线处
洗水标	白底黑字	1个	左侧缝，距裤脚口折边10cm处
吊牌	蓝底白字	1个	正面蓝底白字，背面白底黑字

五、缝制

1. 儿童背带裤工艺流程

粘衬、做标记→做袋口→装口袋→缝合前后裤片中缝→裤子前片与挡胸布接缝→合侧缝→缝脚口底边→缝下裆缝→做背带→装挡胸贴边→制作里襟→钉纽扣。

2. 儿童背带裤工艺操作过程

（1）粘衬、做标记。缝制准备工作，如图4-23所示。

（2）做袋口。将口袋贴边与袋布袋口处正面相对勾缝，翻到正面压明线，再扣净口袋布边缘，如图4-24所示。

（3）装口袋。将扣烫好的口袋与前裤片装袋位置对好，缉明线固定，在侧缝和腰口处用大针码固定。如图4-25所示。

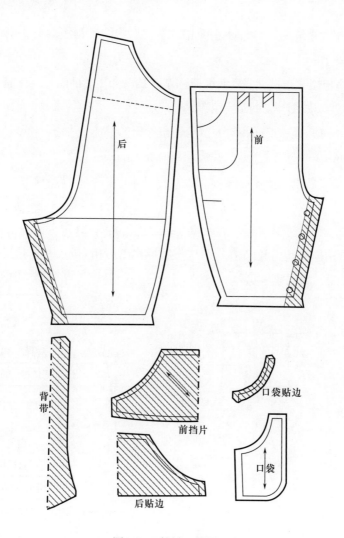

图4-23 粘衬、做标记

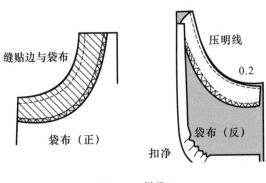

缝贴边与袋布

袋布（正）

压明线

0.2

袋布（反）

扣净

图4-24 做袋口

先打折，再大针码固定

大针码固定

0.2明线

图4-25 装口袋

（4）缝合前裤片中缝。将前裤片正面相对缝合前中线，锁缝后缝头倒烫，正面缉 0.2cm 明线，如图 4-26 所示。

（5）缝合后裤片中缝。将后裤片正面相对缝合后中线，锁缝后缝头倒烫，正面缉 0.2cm 明线。如图 4-27 所示。

（6）裤子前片与挡胸布接缝。将装饰商标贴在挡胸布上，裤前片与挡胸布正面相对缝合，倒缝后在正面缉明线，如图 4-28 所示。

（7）合侧缝。前后裤片正面相对，缝合侧缝至开口止点，如图 4-29 所示。

（8）缝脚口底边。三折边缝脚口底边，缉 0.1cm 的线。如图 4-30 所示。

（9）缝下裆缝。将前片下裆缝折边缝，缉 0.1cm 的线。后片下裆缝处理同前片。如图 4-31 所示。

（10）做背带。将背带将中线对折后勾缝，翻到正面缉 0.1cm 明线。如图 4-32 所示。

（11）装挡胸贴边。前后片贴边分别与前后裤片正面相对勾缝，勾缝后贴边时背带夹在后贴边和后裤片之间，如图 4-33 所示。

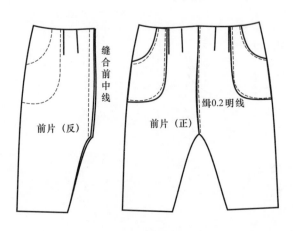

缝合前中线

缉0.2明线

前片（反）

前片（正）

图4-26 缝合前裤片中线

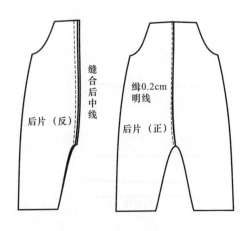

缝合后中线

缉0.2cm明线

后片（反）

后片（正）

图4-27 缝合后裤片中线

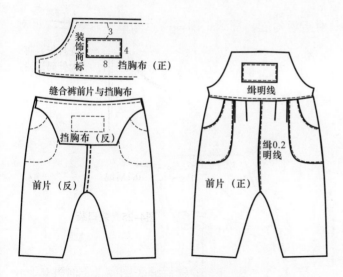

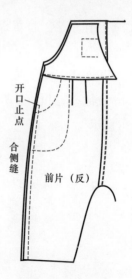

图4-28 裤前片与挡胸布接缝

图4-29 合侧缝

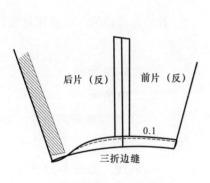

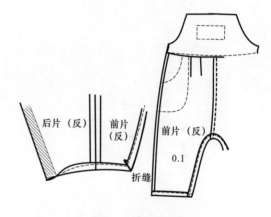

图4-30 缝脚口底边

图4-31 缝下裆缝

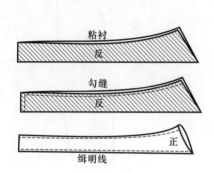

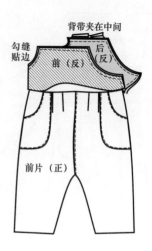

图4-32 做背带

图4-33 勾挡胸贴边

（12）制作里襟。将里襟正面相对对折后勾缝，翻到正面，固定到后片开口处，如图4-34所示。

（13）缉明线。裤片翻到正面在止口处缉 0.2cm 明线，如图 4-35 所示。

（14）锁眼、钉扣、整烫。前胸片锁眼，背带上钉纽扣，下裆缝钉子母扣，整烫平整，如图 4-36 所示。

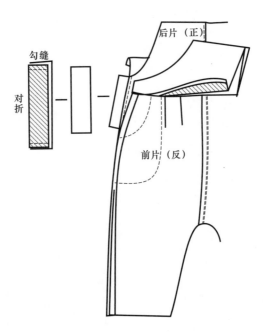

图4-34　制作里襟

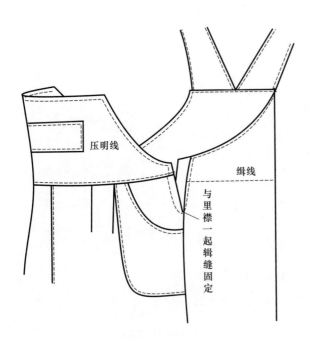

图4-35　缉明线

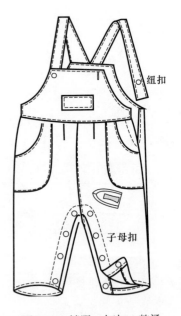

图4-36　锁眼、钉扣、整烫

第三节　背心裙裁剪与缝制

一、款式

此款童装连衣裙的上半身是背心式,与腰部抽碎褶的裙子相连接,后背装拉链,穿着方便,如图 4-37 所示。

图4-37　背心裙款式图

二、样板

前衣片领口、袖窿用斜纱布条包边,前中线处连裁,侧缝、肩缝放 1cm 的缝份。后衣片后中缝处断裁,放 1.5cm 缝份,前裙片中缝连裁,侧缝加放缝份1cm,下摆三折边,加放 2.5cm 缝份。后裙片后中缝处断裁,放 1.5cm 缝份,侧缝放 1cm 缝份,下摆三折边,加放 2.5cm 缝份。如图 4-38 所示。

三、裁剪排料

面料采用棉布,幅宽 140cm,长约 60cm,如图 4-39 所示。

四、材料准备

选择吸湿、透气、易洗的面料为好,可以是净色或是小花的薄棉布。材料准备见表 4-3。

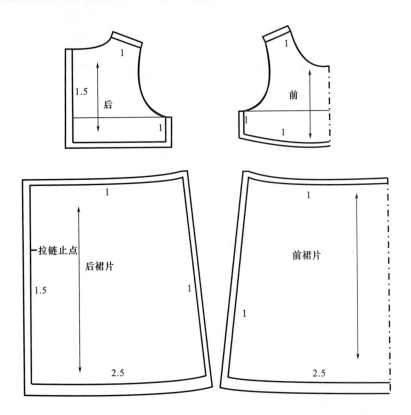

图4-38　背心裙样板

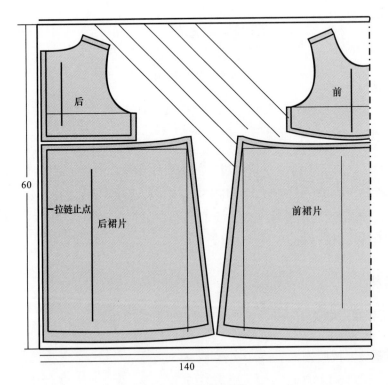

图4-39　背心裙排料

表4-3　背心裙单件（套）材料

款式：背心裙			
材料	颜色	单耗（含1%损耗）	说明
面料	蓝色	60cm	棉布，幅宽140cm
包边条	蓝色	130cm	纯棉，幅宽3cm
丝带	淡蓝色	150cm	透明纱质，幅宽4.5cm
缝纫线	白色	50m	
主标	蓝底白字	1个	尺码各不同，挂在后领中线处
洗水标	白底黑字	1个	左侧缝，距下摆净折边10cm处
吊牌	蓝底白字	1个	正面蓝底白字，背面白底黑字

五、缝制

1. 背心裙工艺流程

做缝制标记→裙片抽褶→缝合腰缝→锁缝肩缝、侧缝以及腰缝的缝份→后中线处绱隐形拉链→合肩缝、侧缝→包缝领口、袖窿→缝下摆折边明线→整烫

2. 背心裙工艺操作过程

（1）做缝制标记，如图 4-40 所示。

（2）裙片抽褶，如图 4-41 所示。

（3）缝合腰缝。前后衣片分别与抽完褶的裙片缝合，如图 4-42 所示。

（4）锁缝。锁缝肩缝、侧缝以及腰缝的缝份，锁腰缝时衣片与裙片的缝头一起锁，如图 4-43 所示。

（5）合后中缝。合后中缝，缝至拉链开口处，如图 4-44 所示。

（6）后中线处绱隐形拉链。把拉链头对齐领口处后，将拉链布与衣、裙的缝份摆放好并作对齐记号，然后立起拉链的锯齿部位用隐形拉链专用的压脚进行机缝，如图 4-45 所示。

（7）合肩缝、侧缝。前后衣片正面相对，合侧缝、肩缝，劈烫缝头，如图 4-46 所示。

（8）包缝领口、袖窿。用斜纱条包缝领口和袖窿，如图 4-47 所示。

（9）下摆折边缉明线。先折 0.5cm，再折 2cm，距折边 0.1cm 缉明线。如图 4-48 所示。

（10）整烫要按照先里后面的顺序，将裙的底摆边、拉链熨烫平整，然后翻转到裙正面依此熨烫。操作时要注意熨烫的温度，不能出现亮光、烫迹印。

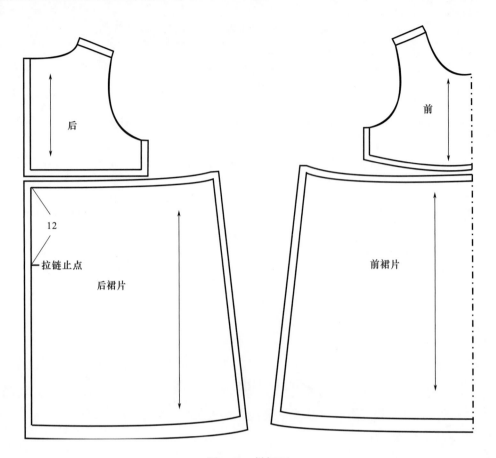

图4-40 做标记

图4-41 裙片抽褶

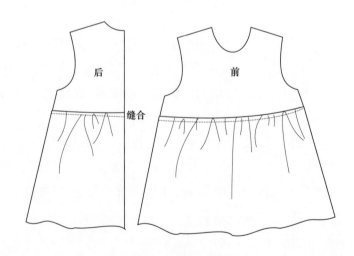

图4-42 缝合腰缝

图4-43 锁缝

图4-44 合后中缝

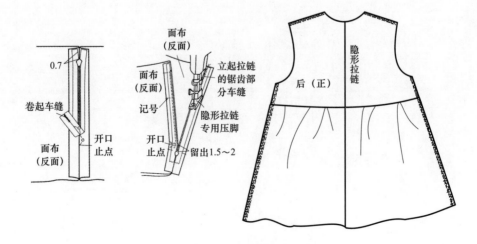

图4-45 后中线处绱隐形拉链

后（正）

前（反）

图4-46　合肩缝、侧缝

图4-47　领口、袖窿滚边

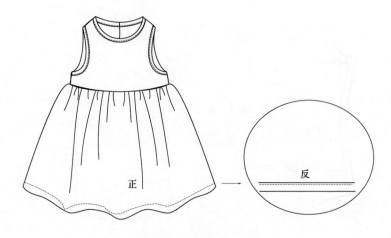

正

反

图4-48　下摆折边缉明线

第四节　女童长袖衬衫裁剪与缝制

一、款式

此款衬衫简洁大方，圆角翻领，泡泡袖，如图 4-49 所示。

二、样板及加放缝份

此款衬衫后衣片中线连裁，领口、袖窿、侧缝下摆、止口全部放 1cm 缝份，如图 4-50 所示。领子、袖子、袖头缝份也全部是 1cm，如图 4-51 所示。

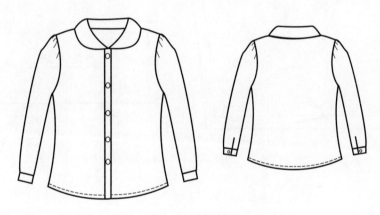

图4-49　女童长袖衬衫款式图

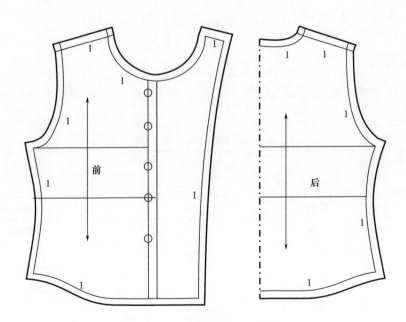

图4-50　女童长袖衬衫衣片样板

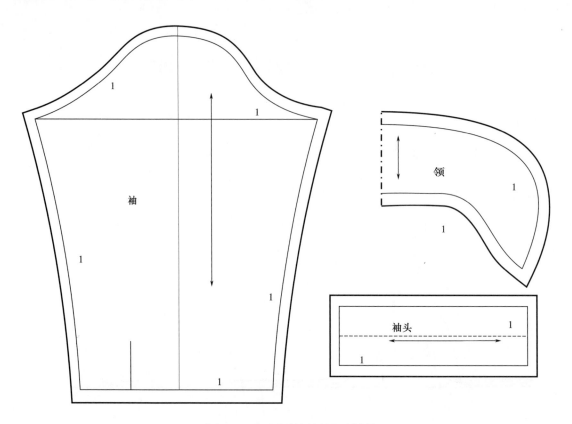

图4-51　女童长袖衬衫领、袖样板

三、裁剪排料

面料采用棉布，幅宽 140cm，长约 60cm，如图 4-52 所示。

四、材料准备

选择吸湿、透气、易洗的面料为好，可以是净色或是小花的薄棉布。材料准备见表4-4。

表4-4　女童长袖衬衫单件（套）材料

款式：女童长袖衬衫			
材料	颜色	单耗（身高）含1%损耗	说明
面料	黄色	60cm	棉布，幅宽140cm
衬	白色	60cm	幅宽90cm
缝纫线	黄色	50m	
主标	蓝底白字	1个	尺码各不同，挂在后领中线处
洗水标	白底黑字	1个	左侧缝，距下摆净折边10cm处
吊牌	蓝底白字	1个	正面蓝底白字，背面白底黑字

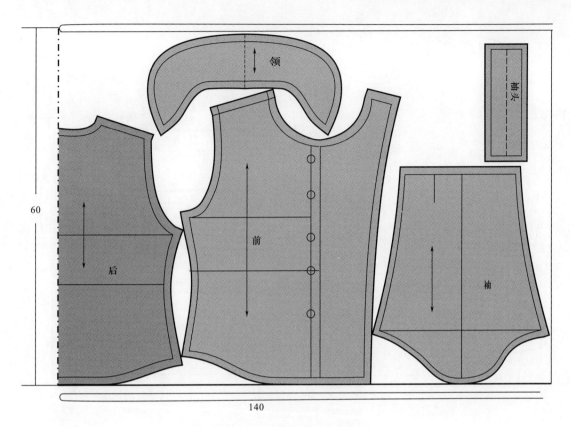

图4-52　女童长袖衬衫排料

五、缝制

1. 女童长袖衬衫工艺流程

粘衬、做缝制标记→锁边→合肩缝→做领子→绱领子→缝合侧缝→做袖衩→做袖→做袖头→绱袖头→绱袖子→下摆折边缉明线→锁眼、钉扣→整烫

2. 女童长袖衬衫工艺操作过程

（1）粘衬、做缝制标记，如图 4-53 所示。

（2）锁边。正面锁缝肩缝、过面、侧缝、袖底的缝份，如图 4-54 所示。

（3）合肩缝。缝合肩缝，然后劈烫肩缝，如图 4-55 所示。

（4）勾缝领子。清剪领里剩 0.8cm 缝份，领里、领面正面相对进行缝合，缝合时对合对位点，在裁片边缘净印线外 0.2cm 处机缝，如图 4-56 所示。

（5）翻烫领子。清剪领子外口缝头剩 0.5cm，将领翻至正面，吐 0.1cm 止口，如图 4-57 所示。

（6）打剪口、扣烫。以过面肩线 1~1.5cm 处为界，领口缝份的倒向不同，故要在领面、领口缝份加入剪口，并向反面扣烫，如图 4-58 所示。

（7）绱领子。领面向上放在衣身上，对齐对位点。折叠挂面肩线，沿前中线折叠挂面与衣身正面相对，从剪口处避开领面车缝，如图 4-59 所示。

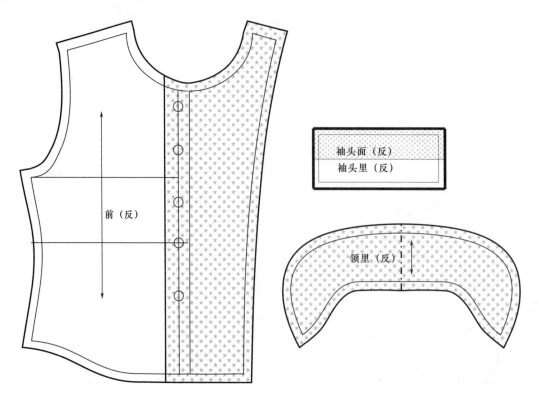

图4-53　做标记

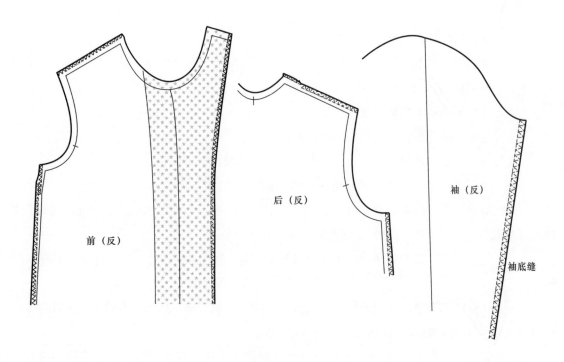

图4-54　锁边

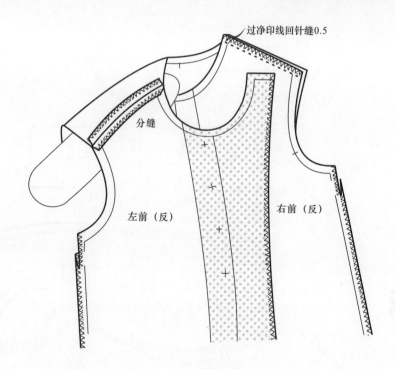

过净印线回针缝0.5

分缝

左前（反）

右前（反）

图4-55　缝合肩缝

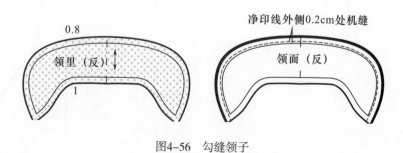

0.8

领里（反）

1

净印线外侧0.2cm处机缝

领面（反）

图4-56　勾缝领子

领里（反）

清剪缝头剩0.5cm

领面（正）

吐0.1cm止口

领里（正）

图4-57　翻烫领子

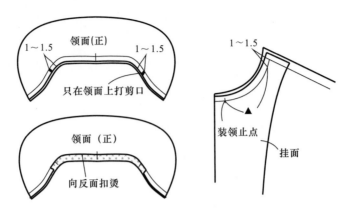

图4-58　打剪口、扣烫

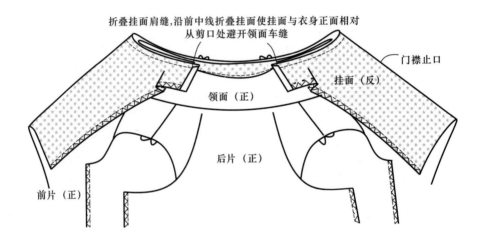

图4-59　绱领

（8）清剪缝份、打剪口。为了使绱领处服帖，所以需要对缝份进行清剪并打剪口，如图4-60所示。

（9）缉明线。将挂面翻至正面缉明线，肩缝处缲缝挂面，如图4-61所示。

（10）缝合侧缝。前后衣片正面相对缝合侧缝，并劈烫，如图4-62所示。

（11）做袖衩。

折袖衩条：取1.8～2cm宽、15～16cm长的直条光边衬衫面料，按图4-63将衩条布折转烫平服，衩条正面折光，要比下层衩条光边虚进0.1cm。

绱袖衩条：用袖衩条夹住袖开口边缘，在距袖衩条边缘0.1cm处缉缝，并封折角，如图4-64所示。

（12）做袖。袖山抽褶，缝合袖底缝，袖底缝缝份劈烫，如图4-65所示。

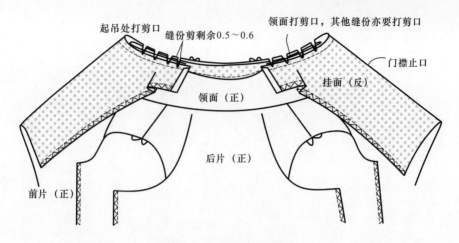

图4-60　清剪缝份、打剪口

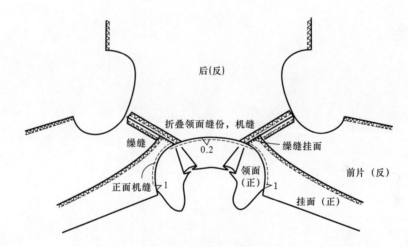

图4-61　缉明线

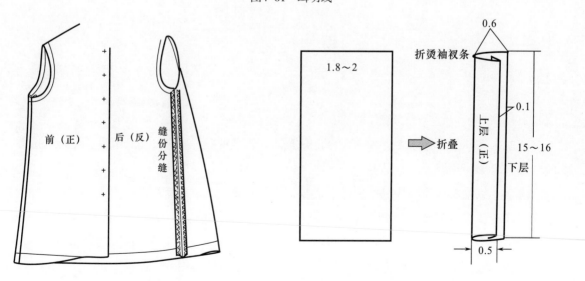

图4-62　缝合、侧缝　　　　　　　　　　　　　图4-63　折袖衩条

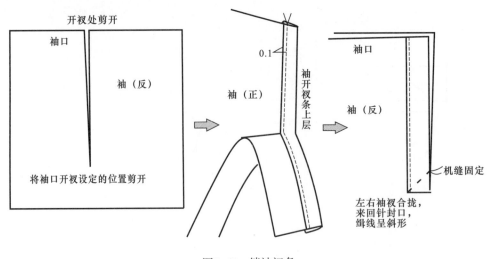

图4-64　绱袖衩条

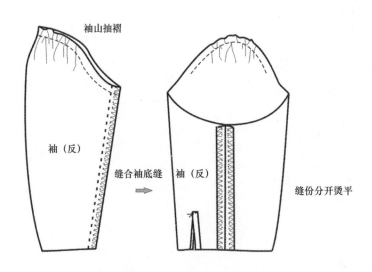

图4-65　做袖

（13）做袖头。将袖头面布一侧的缝份折向反面，袖头面与袖头里沿中线正面相对折叠，缝合袖头两端，并翻烫，如图 4-66 所示。

（14）绱袖头。将袖头里一侧的正面与袖口的反面相对，然后沿净印缉缝袖口。将袖头拉至正常位置，并将衣袖翻至正面，在袖头的正面距袖头边缘 0.1cm 处缉缝一周明线，如图 4-67 所示。

（15）绱袖子。对合对位点绱袖子，袖窿和袖山缝固后缝头一起锁缝，如图 4-68 所示。

（16）下摆折边缉明线。折叠下摆边，贴边宽0.5cm，沿折边缉0.1 cm明线，如图4-69所示。

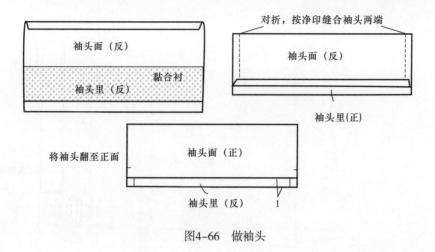

图4-66　做袖头

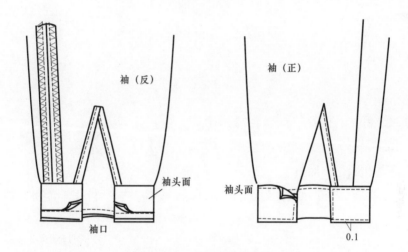

图4-67　绱袖头

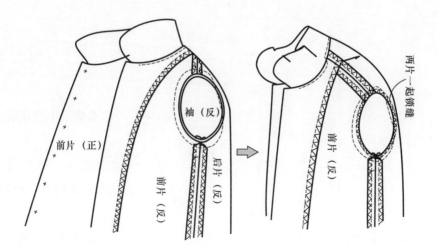

图4-68　绱袖子

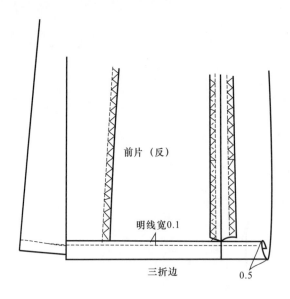

图4-69　下摆折边缉明线

（17）锁眼、钉扣、整烫，如图4-70所示。

锁扣眼：扣眼大小为纽扣直径+纽扣厚度。

钉扣要注意与扣眼位置对好。

整烫，清剪线头后，衣领、袖子、门襟、侧缝、前后衣身整烫平整，但不能将衣领、袖口烫实。

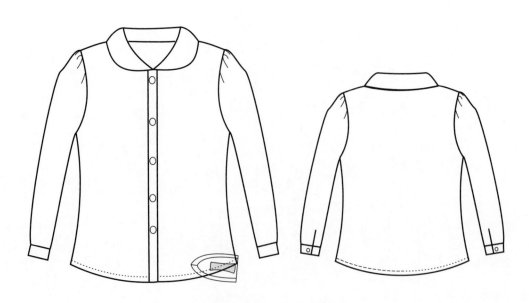

图4-70　锁眼、钉扣、整烫

第五节 双层马甲裁剪与缝制

一、款式

此款马甲为对门襟，四粒扣。左前身下摆可装饰图案或是口袋，马甲可用针织布或是棉布，适合秋冬季节，如图4–71所示。

图4–71 双层马甲款式图

二、样板及加放缝份

（1）面料样板：后中线处连裁，其余缝份全部放1cm，如图4–72所示。

（2）里料样板：后中线处连裁，领口、袖窿、前中线处放0.8cm缝份，其余缝份全部放1cm，如图4–73所示。

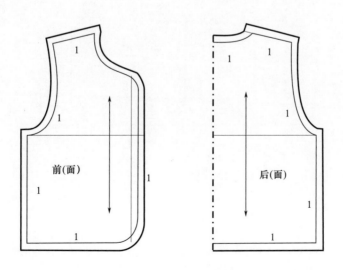

图4–72 双层马甲面料样板

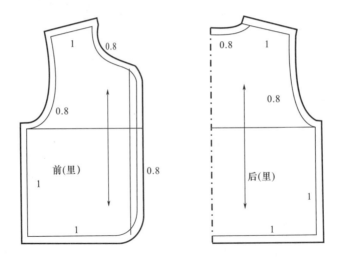

图4-73 双层马甲里料样板

三、裁剪排料

面料采用针织绒布，幅宽 90cm，长约 40cm，如图 4-74 所示。

里料采用针织棉布，裁剪图同面料（略）。

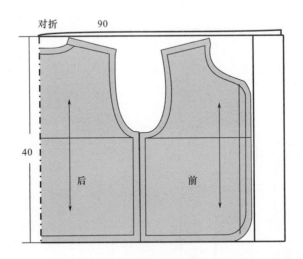

图4-74 双层马甲排料

四、材料准备

选择吸湿、透气、易洗的面料为好，可以是净色或小花的针织棉布或是厚棉布。材料准备见表 4-5。

表4-5　双层马甲单件（套）材料

款式：双层马甲			
材料	颜色	单耗（三岁）含1%损耗	说明
面料	蓝色	40cm	针织绒布（棉），幅宽90cm
里料	白色	40cm	针织棉布，幅宽90cm
缝纫线	蓝色	50m	
衬	白色	20cm	无纺衬，幅宽90cm
主标	蓝底白字	1个	尺码各不同，挂在后领中线处
洗水标	白底黑字	1个	左侧缝，距下摆净折边10cm处
吊牌	蓝底白字	1个	正面蓝底白字，背面白底黑字

五、缝制

1. 双层马甲工艺流程

做缝制标记→粘衬→缝合肩缝→勾袖窿、止口、下摆→打剪口、扣烫→翻烫、缝合一侧侧缝→翻烫→缝合另一侧面布侧缝→缭缝另一侧里料侧缝→锁眼、钉扣→整烫

2. 双层马甲工艺操作过程

（1）做缝制标记。用净样板画出领口、门襟、袖窿、下摆的净样线。

（2）前片粘衬。前片贴布装饰处粘衬加固衣片，如图4-75所示。

（3）缝贴布装饰。前片贴布装饰缝在衣片面布上，如图4-76所示。

（4）缝合肩缝。前、后片面布正面相对，缝合肩缝，如图4-77所示。前、后片里料正面相对，缝合肩缝，如图4-78所示。

图4-75　前片粘衬

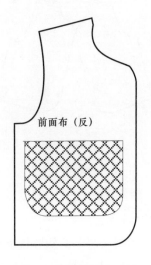

图4-76　缝贴布装饰

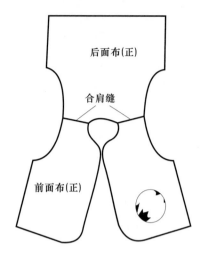

图4-77　缝合面料肩缝

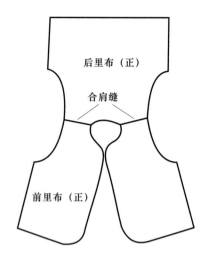

图4-78　缝合里料肩缝

（5）勾袖窿、止口、下摆。将面布里料正面相对、边缘对齐，勾缝袖窿、领口、止口、下摆处缝头，如图 4-79 所示。

（6）打剪口、扣烫。在勾缝后的袖窿、止口、领口处缝头打剪口，然后沿缝线 0.1cm 处向面料方向扣烫，如图 4-80 所示。

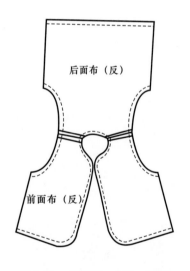

图4-79　勾袖窿、止口、下摆

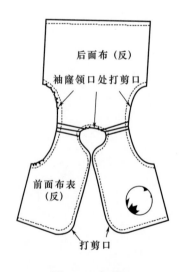

图4-80　打剪口

（7）翻烫、缝合一侧侧缝。从侧缝开口处将衣服翻出，并将缝合处熨烫平整，如图 4-81 所示。

从一侧侧缝将另一侧侧缝掏出，合缝份，如图 4-82 所示。

（8）翻烫。从开口处（侧缝）将衣服翻出，将缝合处熨烫平整，如图 4-83 所示。

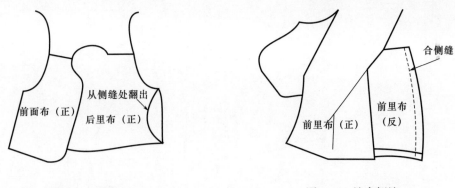

图4-81 翻烫   图4-82 缝合侧缝

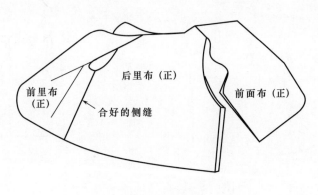

图4-83 翻烫

（9）缝合另一侧面料侧缝。将另一侧侧缝面料正面相对，缝合缝份。如图 4-84 所示。

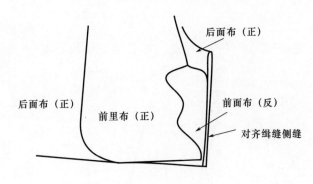

图4-84 缝合另一侧面料侧缝

（10）缭缝另一侧里料侧缝。将另一侧侧缝处表里料反面相对，缭缝里料侧缝缝份，如图 4-85 所示。

（11）锁眼、钉扣、整烫。最后进行整烫并锁眼、钉扣，如图 4-86 所示。

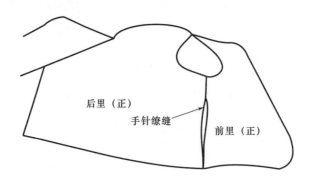

图4-85 缭缝另一侧里料侧缝

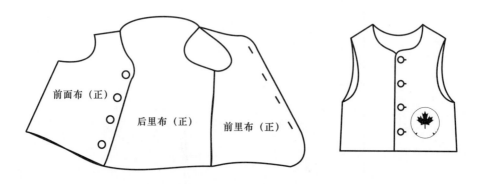

图4-86 锁眼、钉扣、整烫

第六节 男童西装裁剪与缝制

一、款式图

该款式为单排两粒扣、平驳头、西服，贴袋造型结构紧凑适体，整体稳重帅气。如图4-87所示。

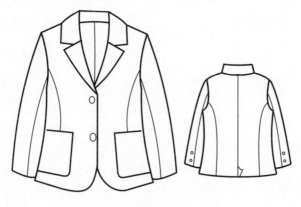

图4-87 男童西装款式图

二、样板

1. 净样板

（1）身片、袖片净样板。面料净样板身片为三开身，腋下片侧缝处拼合样板，后中缝有开衩。袖子为两片袖，小袖需拼合样板，如图4-88所示。

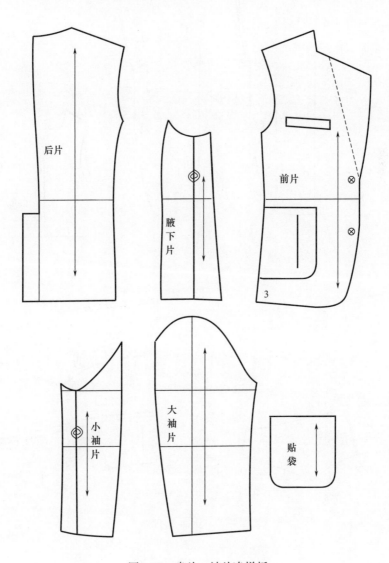

图4-88　身片、袖片净样板

（2）挂面净样板的制作。沿翻折线向外放0.2cm翻折量，驳头要放出吐止口量，如图4-89所示。

（3）领面净样板的制作。领口内弧要折叠，外口要拉开0.3cm，翻折线处加入翻量0.2cm 领面在领口外口处加入吐止口量0.2cm，如图 4-90 所示。

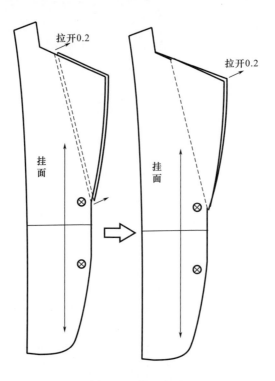

图4-89 挂面净样板

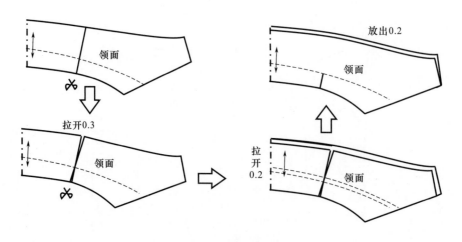

图4-90 领面净样板

2. 毛样板

（1）面布样板。衣片下摆、袖片袖口、贴袋袋口放3cm缝份，其他均为1cm，如图4-91所示。

（2）里料样板。衣片下摆、袖片袖口放1cm缝份或是采用净样，后背缝放1.5cm缝份，侧缝、袖缝放1.2cm缝份。袖窿、领口均放1cm缝份。袖山适当多放一些，2~2.5cm左右，如图4-92所示。

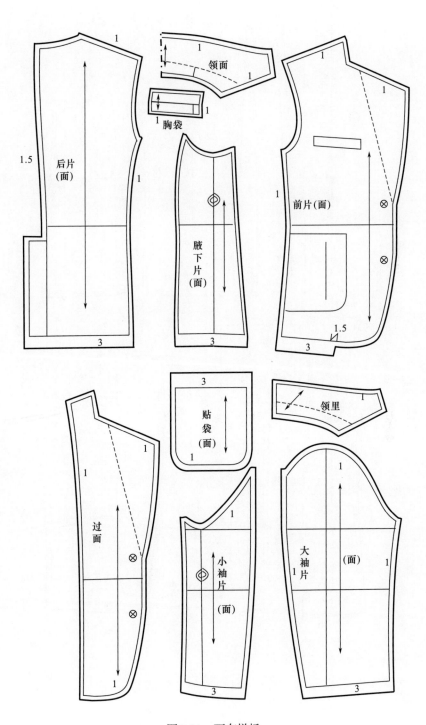

图4-91　面布样板

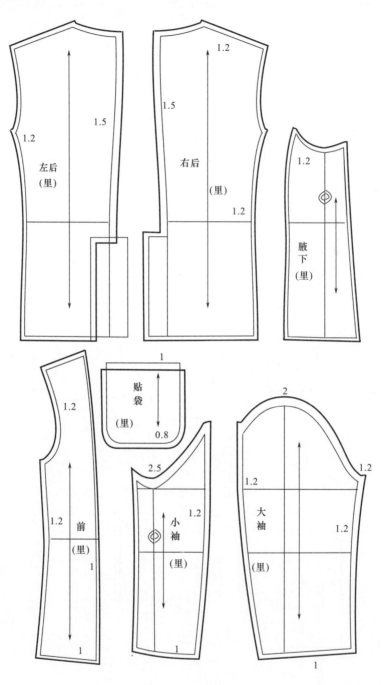

图4-92 里料样板

三、裁剪排料

1. 面布裁剪

把烫平（预缩）后的面布双折，反面朝外，布边对齐，使纵、横纱向成直角。面布排料如图 4-93 所示。

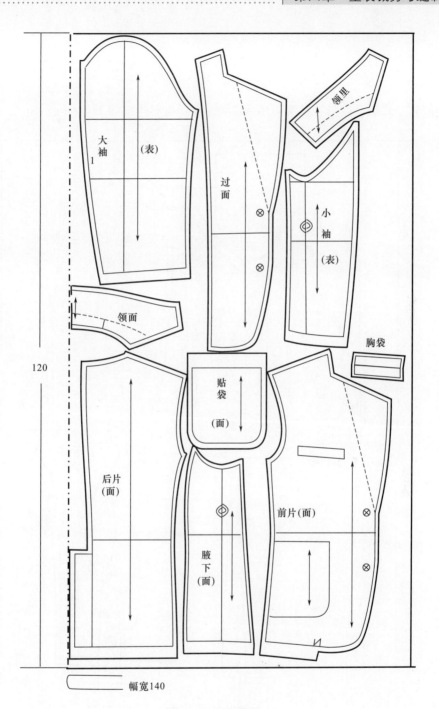

图4-93 面布排料

注意事项：

（1）要尽可能减少浪费。

（2）样板的纱向要平行于布的经纱纱向。

（3）如果面布有倒顺毛或有光泽，就要按同一方向排料。

（4）如果面布有条格，要注意对条格。

（5）如果面布有图案，要注意拼图案。

（6）全部排料完毕后，用划粉画下样板的裁剪线进行裁剪。

2. 里料裁剪

里料较软、较滑，纱向容易偏斜，所以要注意，里料排料如图 4-94 所示。

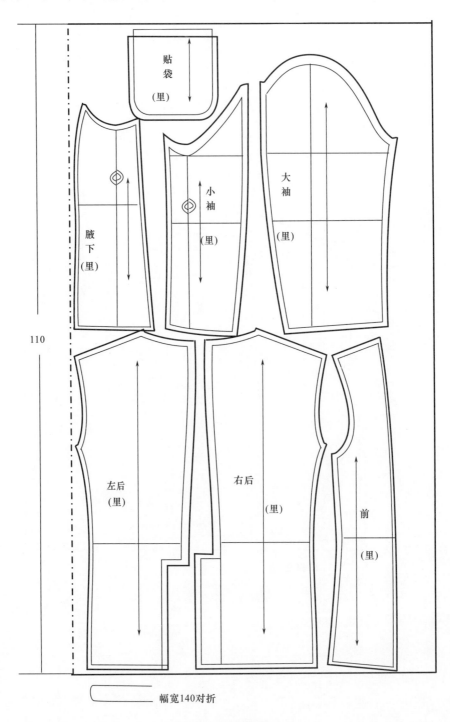

图4-94　里料排料

注意事项：

（1）可先把相同长度的样板按同一排列分段粗裁。

（2）把幅宽对折后把折线烫平，使之稳定，整理好纱向后铺上样板进行裁剪。

（3）当纱向难以理顺时，最好先铺上一张纸再放里料，两端用大头针固定后，再进行裁剪。

3. 衬布裁剪

前身片、挂面、口袋衬想要定型的部位，裁剪方向与面料相同，使用经纱。后背、腋下、领里、领面、袖口、下摆等需要有一定的弹性的部位，裁剪方向一般多用斜纱，如图4-95所示。

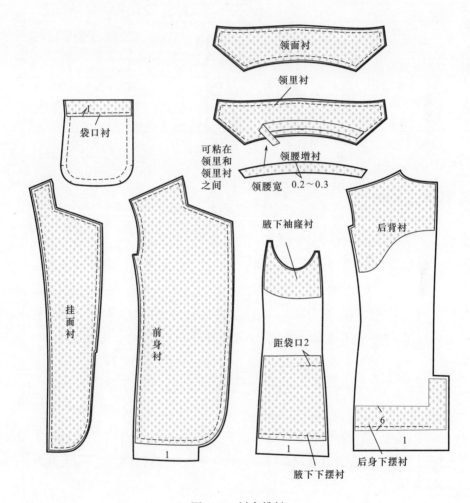

图4-95　衬布排料

注意事项：

（1）根据衬布的情况，后背、腋下、下摆、袖口可以不粘衬；领口、袖窿可以用牵条防止变形；下摆、袖口可以用双面胶固定。

（2）裁剪时，把带有黏胶的一侧放入里面双折，同面料一样，整理好纱向后再裁剪。

（3）注意衬布比布面外围少放 0.2 ~ 0.3cm。

四、材料准备

材料可依据季节来选，棉布、毛涤、法兰绒、格呢、条绒、化纤等较为适宜。材料准备见表4-6。

表4-6 男童西装单件（套）材料

款式：男童西装			
材料	颜色	单耗（含1%损耗）	说明
面布	黑色	105cm	棉布，幅宽140cm
里料	黑色	110cm	涤纶，幅宽140cm
衬料	黑色	80cm	有纺衬，幅宽90cm
缝纫线	黑色	70m	
主标	蓝底白字	1个	尺码各不同挂在后领中线处
洗水标	白底黑字	1个	左侧缝，距下摆净折边10cm处
吊牌	蓝底白字	1个	正面蓝底白字，背面白底黑字

五、缝制

（一）男童西装工艺流程

缝制准备（粘衬、清剪缝头、做标记、粘牵条）→做胸袋→缝合前身片面布与腋下片面布→做贴袋、绱贴袋→缝合后身片面布、里料后中线，做后开衩→缝合身片面布肩缝→绱里领→缝合过面与前衣片里、前衣片里与腋下片、后衣片里与腋下片里→合里料肩缝→绱领面→领面与领里、前门襟缝合→翻烫衣领与前门襟→固定衣领面布与里料的绱领缝头→衣领与前门襟缉明线→勾缝下摆→制作衣袖→抽袖包→绱衣袖→缭缝袖里料→锁眼钉扣→整烫

(二）男童西装工艺过程

1. 准备工程

裁剪完成以后，一般按照粘衬、清剪缝头、打剪口做标记、粘牵条、打线丁做标记、画净样线做标记、手针缭缝固定前身片翻折线处的牵条等顺序进行操作，完成缝制前的准备工作，如图4-96所示。

（1）粘衬。根据面料调节熨斗（蒸汽熨斗）的温度，一般掌握在160～180℃。把裁片放在烫垫上，反面朝上，衬的黏胶面朝下与面料重合，待把纱向整理好后，开始粘衬。为了防止衬胶粘到熨斗底部，在熨斗下垫一片较薄的烫布，并使各部位受热平均。粘衬完毕后，要把各裁片平放至完全冷却，否则将会起泡，如发现有没完全黏合的部位，再重新粘一次。

（2）清剪缝头。粘衬完毕后，将裁片与样板进行核对，清剪缝头。若粘衬后，裁片收缩使部分缝头变窄了，一定要在缝头变窄的部位做好标记。

（3）打剪口，做标记。打剪口的作用：对于不太脱纱的面料，在裁片的重要位置打剪口，作标记，作为工艺缝制的标识。

打剪口的位置：

①在身片腰围线、臀围线、绱领终止点等处打剪口，做标记。

②在挂面的绱领终止点等处打剪口，做标记。

③在领面、领里的颈侧点处、中线处打剪口，做标记。

④在大袖、小袖的肘关节处，在大袖袖山最高点、小袖袖山最低点处打剪口，做标记。

（4）粘牵条。

①粘牵条的作用：为了防止前门襟、前摆、前身片翻折线处、前后领口、前后袖窿等容易拉伸变形，在纱向和缝线容易伸缩、变形以及需要加强的部位要粘牵条，同时前身片翻折线处粘牵条可以拱针固定前身片与挂面驳口折线及翻折余量。

②粘牵条的部位：前门襟、前领口、前摆、前身片翻折线处、后领口，必须粘直纱牵条；前袖窿、腋下袖窿、后袖窿可粘直纱牵条，也可粘斜纱牵条。

③粘牵条的方法：如果是较厚面料或不容易在表面显现粘牵条痕迹的面料，且前门襟不缉明线的一般情况时，将牵条的中央对着前门襟的净样线粘牵条，便于我们用记号笔将前门襟净样板的净样线画在牵条上，同时便于勾缝门襟，使左右前门襟勾缝对称，其他部位也一样，将牵条的中央对着的净样线粘牵条，如图4-96所示。

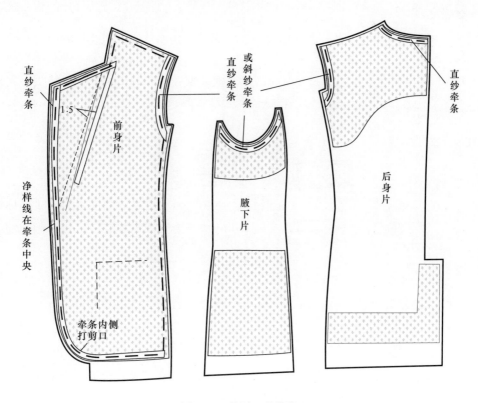

图4-96　粘衬、粘牵条

（5）打线丁，做标记。打线丁的作用：容易脱纱的面料，在裁片的重要位置，一般采用打线丁代替打剪口的方法来做标记，作为工艺缝制的标识，还有口袋、扣位等设计部件的位置，用打线丁来做标记。

打线丁的位置及方法：

①用十字打线丁的方法标记出身片腰围线、臀围线等缝合线的对位点；标记出前身片和贴边的绱领终止点、腋下片袖窿最低点、领面和领里的颈侧点、大袖袖山最高点与小袖袖山最低点等必要的对位点。

②用普通打线丁的方法标记出裁片的净样线、前中心线、驳头与领子的翻折线等必要线。

③用普通十字打线丁的方法标记出裁片的袋位与扣位等零部件位置。

打线丁的注意事项：

①采用双棉线打线丁。

②袖窿、袖山、领口等弧度较强的部位，线丁的间隔为 1 ~ 2cm；直线的部位线丁的间隔为 3 ~ 5cm。

③有些绒毛较长的布料，打线丁易破坏面料，还有些粗纺呢，打线丁也易脱落，这些都需要用手缝线做标记，或用缝纫机放大针码（每针 0.4 ~ 0.5cm）做标记。

（6）画净样线做标记。用前身片净样板，画出前领口、前驳头、前门襟、前下摆的净样线，用领里净样板，画出领里的净样线。

2. 缝制过程

（1）做胸袋。胸袋袋牙粘衬清剪后双折，再向反面扣净缝头，用明线固定到左前片上，如图 4-97 所示。

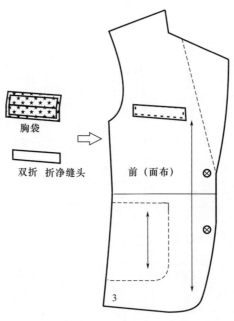

图4-97　左前片安装饰胸袋

（2）将前身片与腋下片面布缝合，劈烫缝头，如图4-98所示

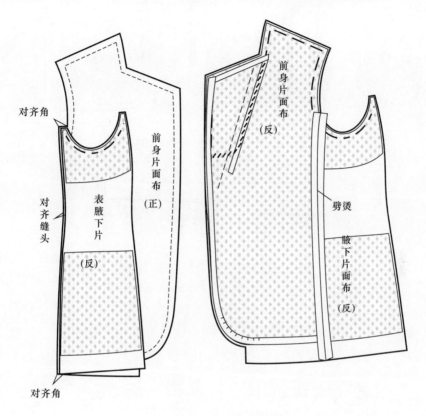

图4-98　缝合腋下缝

（3）制作贴袋、绱贴袋。

①贴袋面布粘衬。有两种方法，如图4-99所示。

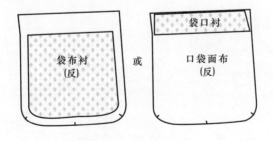

图4-99　贴袋面布粘衬

②折烫袋布袋口，对齐袋布的面布与里料并缝合，如图4-100所示。

③翻烫贴袋。手针缭缝袋口处，如图4-101所示。

④固定贴袋。用手针将贴袋固定在身片上，如图4-102所示。

⑤缉明线、绱贴袋，如图4-103所示。

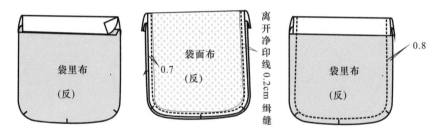

图4-100　缝合贴袋面布与里料

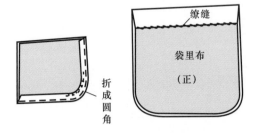

图4-101　翻烫贴袋，手针缭缝袋口处

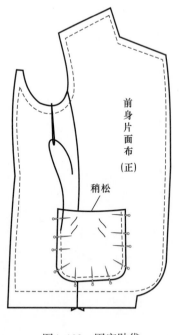

图4-102　固定贴袋

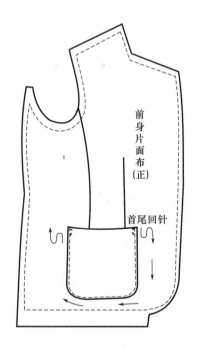

图4-103　缭贴袋

（4）缝合后身片面布、里料的中线，做后开衩。

①缝合后衣片中线。缝合后衣片中线至开衩止点，缝头劈烫。按净印折烫开衩处缝头。如图4-104所示。

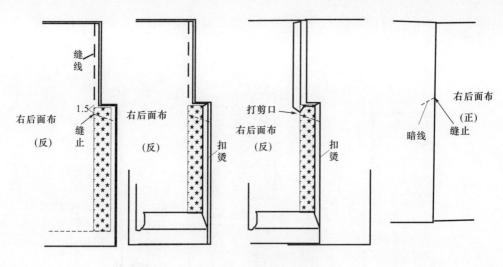

图4-104 做面布后开衩

②做衣片后开衩。

③缝合里料后中线。缝合里料后中线至开衩止点，缝头折倒熨烫。后身片里料中线缝头倒烫时，烫出 0.5 ~ 1 cm 的眼皮量，如图 4-105 所示。

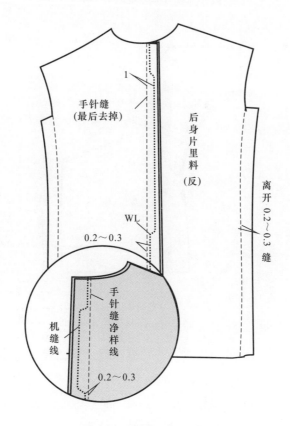

图4-105 缝合里料后中心

④做里料后开衩。按净印折烫开衩处缝头。将开衩处面布和里料的缝头勾缝在一起，如图4-106所示。

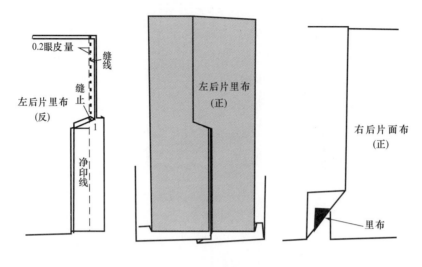

图4-106　做里料后开衩

（5）缝合衣片面布肩缝。缝合身片面布肩缝，劈烫缝头。如图4-107所示。

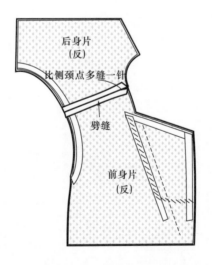

图4-107　缝合面布肩缝

（6）缲里领、劈烫缝头。缲领里时，缝到缲领终止点回针，里领与前身片面布缲领终止点对齐，对齐身片面布肩缝线与里领颈侧点、对齐前身片面布与里领拐弯处、对齐身片面布后中线与领里后中线。前身片面布拐弯处打剪口，缝头劈烫，如图4-108所示。

（7）前后衣片里缝合。挂面与前衣片里缝合，缝头向前衣片里倒烫。前衣片里与腋下

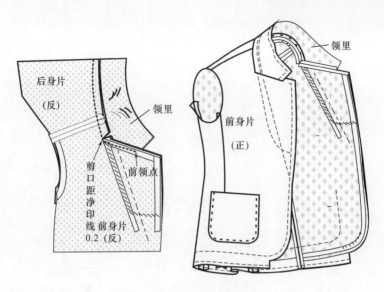

图4-108　绱里领、劈烫缝头

片缝合，缝头向腋下片里倒烫。后衣片里与腋下片里缝合，缝头向后衣片里倒烫。要注意在缝头烫倒时，烫出 0.2 cm 的眼皮量，如图 4-109 所示。

（8）缝合里身片肩缝，缝头向后倒烫，缝头倒烫时，要注意烫出 0.3 cm 的眼皮量，如图 4-110 所示。

（9）绱领面，挂面领口处缝头劈烫，后领口处缝头向下倒烫，如图 4-111 所示。要注意，绱领面时，缝到绱领终止点回针。对齐挂面绱领终止点；对齐里料衣片肩缝线与领面颈侧点；

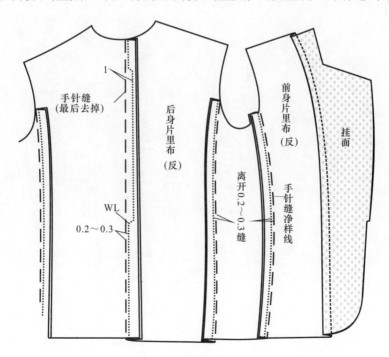

图4-109　前后衣片里缝合

对齐挂面与领面拐弯处；对齐里料衣片后中线与领面后中线；挂面拐弯处打剪口。

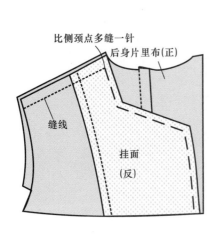

图4-110　缝合里衣片肩缝

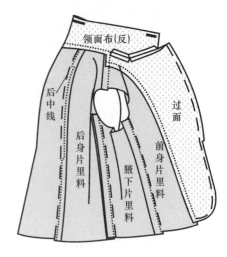

图4-111　绱领面

（10）缝合领面与领里、前门襟。

①先用手针绷针缝固定领面与领里，确认领面领角处的余量、过面驳头处的余量、前衣片面布下摆角的余量，使领角处、驳头处、下摆角不要反翘，并且前门襟不要出现拉伸、抽缩的现象，如图4-112所示。

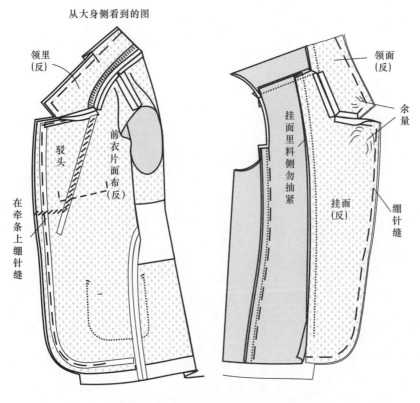

图4-112　固定领面与领里、前门襟

②按领里的净样线缝合领面、领里外围；按前衣片净样线缝合前衣片面布与过面的驳头处、门襟处、下摆角处。缝合时，按左衣片、右衣片、衣领子的顺序缝合，缝到绱领终止点回针，如图4-113所示。

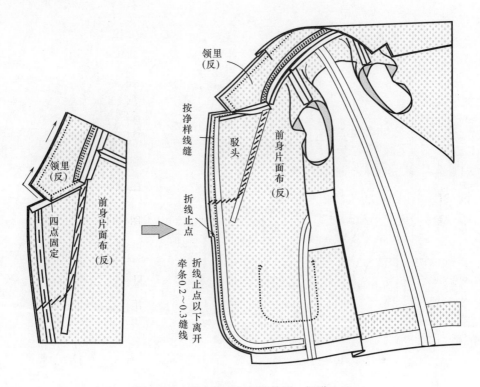

图4-113 缝合领面与领里外围、门襟止口

（11）清剪缝头，翻烫衣领和门襟。清剪衣片侧缝头和门襟止口缝头，翻向正面，熨烫衣领与前门襟，如图4-114所示。

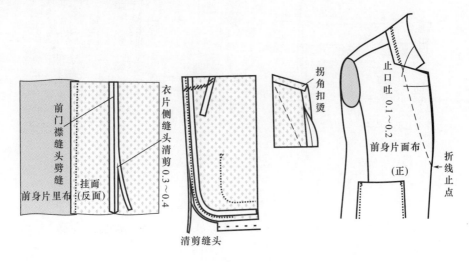

图4-114 清剪缝头、翻烫衣领和门襟

（12）固定衣领面布与里料的缲领缝头。领口缲领处，在身片反面，用手针或机缝固定衣领面布与里料的缲领缝头，如图4–115所示。

（13）衣领与前门襟缉明线，如图4–116所示。

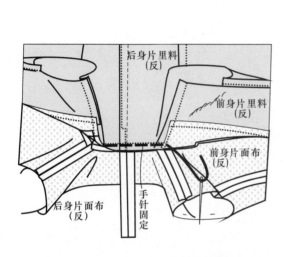

图4-115　固定衣领面布与里料的缲领缝头

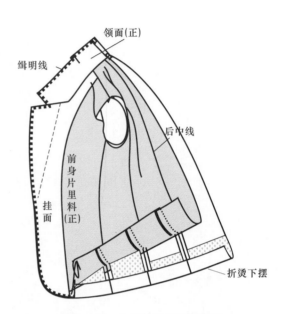

图4-116　衣领与前门襟缉明线

（14）勾缝下摆。折烫衣片里料下摆边，勾缝衣片面布与里料下摆，如图4–117所示。

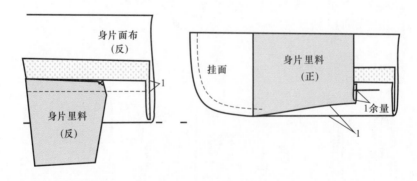

图4-117　勾缝下摆

（15）制作衣袖。

①缝合大小袖片的面布与里料的外侧缝。袖面布按净印缝，袖里料距净印0.2～0.3cm缝线，留出眼皮量，如图4–118所示。

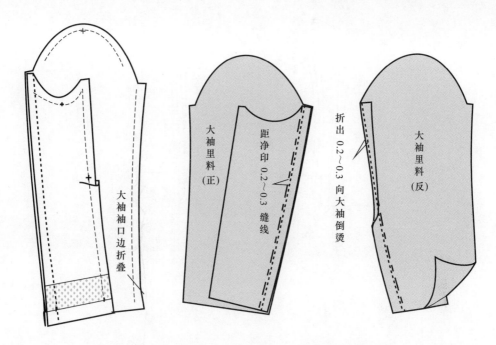

图4-118 缝合大小袖片面布、里料的外侧缝

②缝合表、里袖袖口，缝头向表袖袖山倒烫，并留 0.5cm 袖口余量。

注意：缝合表、里袖袖口时，缝至表袖内侧缝净样线终止，首尾回针。如图 4-119 所示。

③缝合袖内缝、熨烫缝头。缝合袖面布内侧缝、袖里料内侧缝，袖面布缝头劈烫，袖里布缝头向大袖里料侧倒烫。袖里料缝头倒烫时，烫出 0.3cm 的眼皮量，如图 4-120 所示。

④折烫袖里布袖山缝头，手针固定袖面布与袖里料内侧、外侧缝头，如图 4-121 所示。将袖里料袖山缝头折烫 0.7cm；钉袖口装饰扣；将袖面布、里料的袖口缝头固定在袖口黏合衬上；袖里料内侧缝、外侧缝倒烫的缝头固定在袖面布的缝头上。

⑤抽袖包，烫袖包。手针固定袖面布与里料，要确保袖面布与袖里料完全吻合，用单棉线手针将其临时固定。如图 4-122 所示。

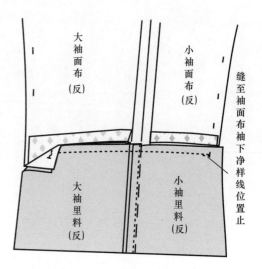

图4-119 缝合袖面布与里料的袖口

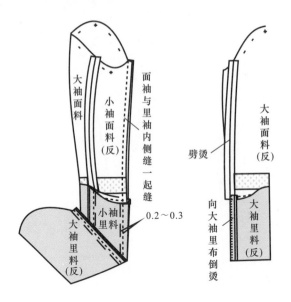

图4-120　缝合袖内侧缝，熨烫缝头

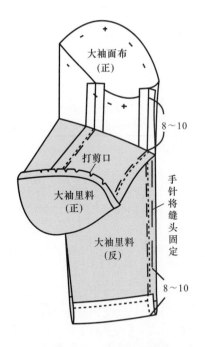

图4-121　手针固定缝头

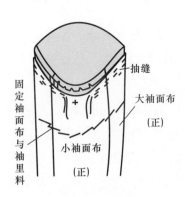

图4-122　抽袖包

（16）绱衣袖。

①按对位记号，用手针将袖面布缝合在衣片面布上，并确认衣袖的方向是否正确、袖山的吃量是否均匀。

绱衣袖时，先要确定袖山最高点，然后用棉线绱衣袖，观察衣袖的状态，如图4-123所示。

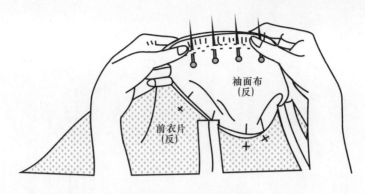

图4-123　手针固定衣袖

②机缝绱衣袖，袖下重合缝两次。

绱衣袖由胸宽点（或背宽点）至袖窿最低点到背宽点（或胸宽点）到袖山最高点，缝一圈后，再通过袖窿最低点重合缝半圈，以免袖下开线，如图4-124所示。

③绱袖山布。袖山布一般长30～35cm，宽3～4cm，按图4-125所示绱袖山布。

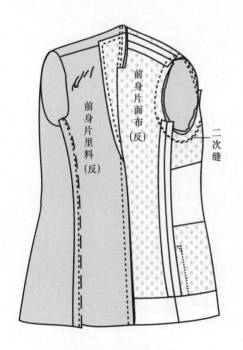

图4-124　机缝绱衣袖

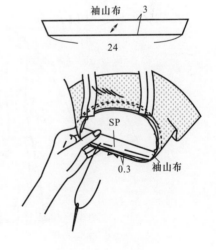

图4-125　绱袖山布

（17）缭缝袖里料。手针固定里布衣片袖窿缝头，手针缭缝袖里料袖山，如图4-126所示。

（18）锁扣钉扣，整烫定型，如图4-127所示。

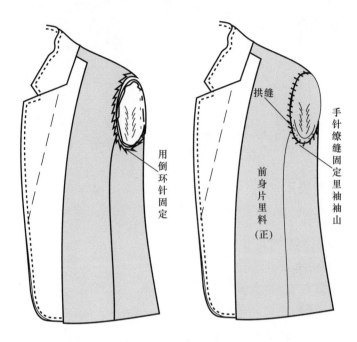

图4-126　缝袖里料袖山

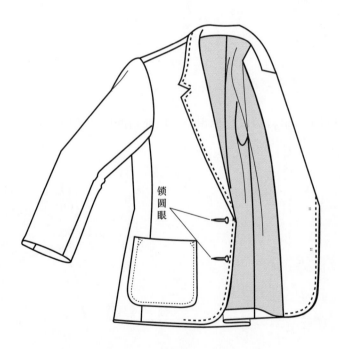

图4-127　锁扣钉扣，整烫定型

附录：童装质量检查

一、服装质量瑕疵种类产生原因

（1）材料配置不当。

（2）加工方法与材料特性不符。

（3）生产技能不熟练。

二、成品质量检查步骤

上装成品质量检查：衣领、肩、前衣身、挂面、衣袖、侧缝、后背、口袋、下摆、里料。

下装成品质量检查：腰围、侧袋、后袋、后省道、侧缝、上裆缝、门里襟、裤脚口、里料。

三、童装质量检查内容

1. 童装上的各种标识

检验服装的包装材料、挂牌、商标及装箱搭配。产品上有无中文厂名厂址、服装号型标识、成分标识（指服装的面料、里料的成分标识，有填充料的服装还应标明其中填充料的成分和含量）、洗涤标识的图形符号及说明（了解洗涤和保养的方法要求）、合格证、产品执行标准编号、产品质量等级及其他标识。另外，如果产品上标有甲醛含量，0～24个月的A类婴幼儿服装应≤20mg/kg，大于24个月直接接触皮肤的B类儿童服装≤75mg/kg，非直接接触皮肤的C类儿童服装≤300mg/kg。童装的永久性标识应选择柔软的材料制作，并缝制在适当的部位，应注意避免直接与儿童皮肤接触的地方，防止因摩擦而损伤儿童的皮肤。

2. 童装外观质量的检查

（1）服装的款式、折叠包装是否到位。

（2）童装的主要表面部位有无明显瑕疵。

（3）童装的主要缝接部位有无色差和纰裂。纰裂即通常所说织物"滑移"或织物"排丝"，纰裂程度达不到标准规定的指标，反映服装面料接缝强力不够，容易引起肩缝、袖窿缝、侧缝等处的缝口脱开而无法穿着。选购服装时可在侧缝处拉一下，看一下缝口是否有"滑移"现象，并留意一下里料"滑移"情况。

（4）服装面料的花型、倒顺毛是否一致，服装的主要部件是否对称、对齐。

（5）注意童装上各种辅料、装饰物的质地，如拉链是否滑爽、纽扣是否牢固、四合扣是否松紧适宜等。要特别注意各种纽扣或装饰件的牢度，以免儿童轻易扯掉误服口中，造成不必要的伤害。

（6）有黏合衬的部位如领子、驳头、袋盖、门襟处有无脱胶、起泡或渗胶等现象。

（7）测量服装各部位的规格尺寸是否符合要求。

3. 童装的缝制、熨烫质量检查

（1）目测童装各主要部位的缝制线迹是否顺直，缝合后外观是否平整，缝缩量是否过少与过量，拼缝是否平服。

（2）部件外形：领、袖、袋部件成型后，形状是否符合设计要求。

（3）缝迹质量：缝迹的质量及光顺程度是否符合质量规定。

（4）半成品熨烫质量：是否符合设计要求，有无烫黄、污迹等沾污记录。

（5）查看童装的各对称部位是否一致。童装上的对称部位很多，可将左右两部分合拢检查各对称部位是否准确，例如，左右两袖长短和袖口大小，袋盖长短宽狭，袋位高低进出及省道长短等逐项进行对比。

四、儿童服装质量要求

对于童装行业来说，童装质量检测是一个重要的环节，童装质量检测标准各个工厂标准不一，但大体可以总结为以下几个方面。

（一）总体要求

（1）面料、辅料品质优良，符合客户要求。

（2）款式配色准确无误。

（3）尺寸在允许的误差范围内。

（4）做工精良。

（5）产品干净、整洁。

（二）外观要求

（1）门襟顺直、平服、长短一致。前门平服、宽窄一致，里襟不能长于门襟。装拉链时应平服、均匀、不起皱、不豁开。装纽扣时要顺直均匀，间距相等。

（2）线迹均匀顺直，止口不反吐，左右宽窄一致。

（3）开衩顺直、无搅豁。

（4）口袋方正、平服，袋口不能豁口。

（5）袋盖、贴袋方正平服，前后、高低、大小一致。里袋高低、大小一致、方正平服。

（6）领缺嘴大小一致，驳头平服、两端整齐，领窝圆顺，领面平服、松紧适宜、外口顺直不起翘，底领不外露。

（7）肩部平服，肩缝顺直，两肩宽窄一致，拼缝对称。

（8）袖子长短、袖口的大小、宽窄一致，袖襻高低、长短、宽窄一致。

（9）背部平服，缝位顺直，后腰带水平对称，松紧适宜。

（10）底边圆顺、平服，松紧带、罗纹边宽窄一致，罗纹要对条纹车缝。

（11）各部位里料大小、长短应与面料相适宜，不吊里，不吐里。

（12）车缝在衣服外面两侧的织带、花边的花纹要对称。

（13）加填充物时要平服，压线均匀，线迹整齐，前后片接缝对齐。

（14）面料有绒毛时，要分清方向，绒毛的倒向应整件同向。

（15）若从袖里封口的款式，封口长度不能超过 10cm，封口一致，牢固整齐。

（16）要求对条对格的面料，条纹要对准确。

（三）做工综合要求

（1）单线车线平整、不起皱、不扭曲，双线车缝要求用双针车车缝。底面线均匀，不跳针、不浮线、不断线。

（2）画线、做记号不能用彩色划粉，所有唛头不能用钢笔、圆珠笔涂写。

（3）面布、里料不能有色差、脏污、抽纱和不可恢复性针眼等现象。

（4）电脑绣花、商标、口袋、袋盖、袖襻、打褶、气眼、贴魔术贴等，定位要准确，定位孔不能外露。

（5）电脑绣花要求清晰，线头剪净、反面的衬纸修剪干净，印花要求清晰、不透底、不脱胶。

（6）所有袋角及袋盖如有要求打枣，打枣位置要准确、端正。

（7）拉链不得起波浪，上下拉动畅通无阻。

（8）若里料颜色浅或者会透色的，里料的缝份止口要修剪整齐、线头要清理干净，必要时要加衬纸以防透色。

（9）里料为针织布料时，要预放 2cm 的缩水率。

（10）两头出绳的帽绳、腰绳、下摆绳在充分拉开后，两端外露部分应为 10cm，若两头车缝住的帽绳、腰绳、下摆绳则在平放状态下平服即可，不需要外露太多。

（11）气眼、柳钉等位置准确，要钉紧，不可松动，特别是当面料较稀松时，以上问题要反复查看。

（12）四合扣要弹性良好，不变形，安装位置准确不能转动。

（13）所有布襻、扣襻之类受力较大的襻子要回针加固。

（14）所有的尼龙织带、织绳剪切要用热切或烧口，否则就会出现散开、拉脱现象。

（15）上衣口袋布、腋下、防风袖口、防风脚口等处要固定。

（16）裙、裤类：腰头尺寸严格控制在 ±0.5cm 之内。

（17）裙、裤类：后裆暗线要用粗线合缝，裆底要回针加固。

（四）服装常见的不良情况

1. 车缝

（1）针距超差——缝制时没有按工艺要求严格调整针距。

（2）跳针——由于机械故障，间断性出现。

（3）脱线——起、落针时没打回针，或严重浮线造成。

（4）漏针——因疏忽大意漏缝，面线与底线没有相交，没有形成缝合。

（5）泄边——折光毛边时不严密，挖袋技术不过关，袋角泄边。

（6）浮底线——梭皮螺丝太松，或压线板太紧。

（7）浮面线——压线板太松，或梭皮螺丝紧。

（8）止口反吐——缝制技术差，没有按照工艺要求吐止口。

（9）起皱——没有按照缝件的厚薄调换针线或缝合件长短不一致。

（10）打绺——由于技术不过关，缝扭了，缝合件不吻合。

（11）双轨——缉单明线断线后，接缝线不在原线迹上；缝制部件下坎后，补线时造成两条线迹。

（12）双线不平行——由于技术不过关或操作马虎造成双线宽窄不匀。

（13）不顺直——缝位吃得多少不匀造成止口不顺直；技术差缉明线弯曲。

（14）不平服——面、里缝件没有理顺摸平；缝件不吻合；上下片松紧不一。

（15）不方正——袋角、袋底、摆角、方领没有按 90° 缝制。

（16）不圆顺——圆领、圆袋角、圆袖头、西服圆摆，由于缝制技术不过关出现细小棱角。

（17）不对称——由于技术差或操作马虎，必须对称的部位有长短、高低、肥瘦、宽窄等误差。

（18）吃势不匀——绱袖时在袖山部位由于吃势不均匀，造成袖山圆胖或有细褶。

（19）绱位歪斜——绱袖、绱领、定位点少于三个或定位不准。

（20）对条、对格不准——裁剪时没有留清楚剪口位；排料时没有严格对准条格；缝制时马虎，没有对准条格。

（21）上坎、下坎——缝纫技术低或操作马虎，没有做到缉线始终在缝口一边。

（22）针孔外露——裁剪时没有清除布边针孔；返工时没有掩盖拆孔。

（23）领角起豆——缝制技术低；领角缝位清剪不合要求；折翻工艺不合要求；没有经过领角定型机定型。

（24）零配件位置不准——缝制时没有按样衣或工艺单缝钉零配件。

（25）唛牌错位——主唛、洗水唛没有按样衣或工艺单要求缝钉。

2. 污迹

（26）笔迹——违反规定，使用钢笔、圆珠笔编裁片号、工号、检验号。

（27）油渍——缝制时机器漏油；在车间吃油食物。

（28）粉迹——裁剪时没有清除划粉痕迹；缝制时用划粉定位造成。

（29）印迹——裁剪时没有剪除布头印迹。

（30）脏迹——生产环境不洁净，缝件堆放在地上。

（31）水印——色布缝件沾水产生色斑迹。

（32）锈迹——金属纽扣、拉链、搭扣质量差，生锈后粘在缝件上。

3. 整烫

（33）烫焦变色——熨斗温度太高，使织物烫焦变色（特别是化纤织物）。

（34）极光——没有使用蒸汽熨烫，用电熨斗没有垫水布造成局部发亮。

（35）死迹——烫面没有摸平，烫出不可回复的折迹。

（36）漏烫——工作马虎，大面积没有过烫。

4. 线头

（37）死线头——后整理修剪不净。

（38）活线头——修剪后的线头粘在成衣上，没有清除。

5. 其他

（39）倒顺毛——裁剪排料差错；缝制小件与大件毛向不一致。

（40）做反布面——缝纫工不会识别正反面，使布面做反。

（41）裁片同向——对称的裁片，由于裁剪排料差错，裁成一种方向。

（42）疵点超差——面料疵点多，排料时没有剔除，造成重要部位有疵点，次要部位的疵点超过允许数量。

（43）扣位不准——扣位出现高低或扣档不匀等差错。

（44）扣眼歪斜——锁眼工操作马虎，没有摆正衣片，造成扣眼横不平，竖不直。

（45）色差——面料质量差，裁剪时搭包，编号出差错，缝制时对错编号，有质量色差没有换片。

（46）破损——剪修线头，返工拆线和洗水时不慎造成。

（47）脱胶——黏合衬质量不好；黏合时温度不够或压力不够，时间不够。

（48）起泡——黏合衬质量不好；烫板不平或没有垫烫毯。

（49）渗胶——黏合衬质量不好；黏胶有黄色，熨斗温度过高，使面料泛黄。

（50）钉扣不牢——钉扣机出现故障造成。

（51）四合扣松紧不宜——四合扣质量造成。

（52）丢工缺件——缝纫工工作疏忽，忘记安装各种装饰襻，装饰纽或者漏缝某一部位，包装工忘了挂吊牌和备用扣等。

参考文献

［1］熊能. 世界经典服装设计与纸样：童装篇［M］. 南京：江西美术出版社，2012.

［2］吴清萍. 经典童装工业制版［M］. 北京：中国纺织出版社，2006.

［3］莫邪. 女童背心裙缝制工艺流程［DB/OL］. （2010-01-07）［2014-04-10］. http://www.51nacs.com/skill/sew/2010-1-7/1045356075.shtml